Wie man Elementarteilchen entdeckt

Carl Freytag · Wolfgang W. Osterhage

Wie man Elementarteilchen entdeckt

Vom Zyklotron zum LHC – ein Streifzug
durch die Welt der Teilchenbeschleuniger

Carl Freytag
Berlin, Deutschland

Wolfgang W. Osterhage
Wachtberg-Niederbachem, Deutschland

ISBN 978-3-662-49955-9   ISBN 978-3-662-49956-6 (eBook)
DOI 10.1007/978-3-662-49956-6

Die Deutsche Nationalbibliothek verzeichnet diese Publikation in der Deutschen Nationalbibliografie; detaillierte bibliografische Daten sind im Internet über http://dnb.d-nb.de abrufbar.

Teile des vorliegenden Buches sind aus dem Lehrbuch W. Osterhage, „Studium Generale Quantenphysik" übernommen.

© Springer-Verlag Berlin Heidelberg 2016

Das Werk einschließlich aller seiner Teile ist urheberrechtlich geschützt. Jede Verwertung, die nicht ausdrücklich vom Urheberrechtsgesetz zugelassen ist, bedarf der vorherigen Zustimmung des Verlags. Das gilt insbesondere für Vervielfältigungen, Bearbeitungen, Übersetzungen, Mikroverfilmungen und die Einspeicherung und Verarbeitung in elektronischen Systemen.

Die Wiedergabe von Gebrauchsnamen, Handelsnamen, Warenbezeichnungen usw. in diesem Werk berechtigt auch ohne besondere Kennzeichnung nicht zu der Annahme, dass solche Namen im Sinne der Warenzeichen- und Markenschutz-Gesetzgebung als frei zu betrachten wären und daher von jedermann benutzt werden dürften.

Der Verlag, die Autoren und die Herausgeber gehen davon aus, dass die Angaben und Informationen in diesem Werk zum Zeitpunkt der Veröffentlichung vollständig und korrekt sind. Weder der Verlag noch die Autoren oder die Herausgeber übernehmen, ausdrücklich oder implizit, Gewähr für den Inhalt des Werkes, etwaige Fehler oder Äußerungen.

Planung: Dr. Lisa Edelhäuser
Grafiken: 8.2, 8.3, 8.4, 8.5, 8.6, 8.7, 9.2, 9.3, 9.4, 9.5, 9.6, 9.7, 11.4 von Markus Perner

Gedruckt auf säurefreiem und chlorfrei gebleichtem Papier.

Springer ist Teil von Springer Nature
Die eingetragene Gesellschaft ist Springer-Verlag GmbH Berlin Heidelberg

Vorwort

Der Nachweis der Gravitationswellen und die Entdeckung des Higgs-Teilchens haben neuerdings das Interesse der Öffentlichkeit an Makrokosmos und Mikrokosmos, an den Kräften, die unsere Welt zusammenhalten und an den kleinsten Teilchen, aus denen sie besteht, in den Mittelpunkt gerückt – und damit auch die Laboratorien, die in diese Reiche der Physik vorstoßen: Neben dem Universum, dem größten Experimentierfeld, das wir haben, sind es die gigantischen Maschinen der Elementarteilchenphysik in Großforschungseinrichtungen wie CERN und DESY. Mit ihnen versuchen weltweit Forscher unter dem Einsatz extrem hoher Energien Zustände zu simulieren, wie sie zum Beginn unseres Universums nach dem „Big Bang" herrschten.

Dieses Buch erklärt die physikalischen Grundlagen und die Technologien der Elementarteilchenforschung und beschreibt die Teilchenbeschleuniger, die Detektoren und ihr Zusammenspiel. An einigen Meilensteinen der Forschung – von der Erzeugung von Transuranen über die Entdeckung exotischer Mesonen bis zum Higgs-Teilchen – wird der Weg von der Theorie über das Experiment zum Forschungsergebnis gezeigt.

Die Autoren danken dem Springer-Verlag für die Möglichkeit, zu diesen aufregenden Entwicklungen publizieren zu dürfen. Ein ganz besonderer Dank geht an die Springer-Redaktion, und hier an Lisa Edelhäuser und Stella Schmoll für ihre ausgezeichnete Unterstützung bei unserem Vorhaben und große Geduld bei der Entstehung des Werkes.

April 2016
Berlin
Wachtberg-Niederbachem

Carl Freytag
Wolfgang W. Osterhage

Inhaltsverzeichnis

1. Einleitung 1
2. Strahlung 9
3. Teilchen und Wellen 33
4. Atommodelle: die Hülle 53
5. Atommodelle: der Kern 71
6. Auf dem Weg zum Standardmodell 89
7. Quarks, Flavor, Color und die Weltformel 103
8. Teilchenbeschleuniger 129
9. Detektoren 151

10 Die großen Laboratorien 173

11 Meilensteine 227

Anhang: Zusammenstellung weiterer wichtiger Teilchenbeschleuniger 241

Literatur 247

Sachverzeichnis 249

1 Einleitung

Steinkreise, Kreisgräben und andere Wunderbauten

Wenn wir heute als Touristen nach Südengland fahren und bei Stonehenge (Abb. 1.1) die Überreste uralter Trümmerfelder sehen, die offensichtlich keine Reste von Kirchen, Palästen oder Gräbern sind, stehen wir vor einem Rätsel. Wir wissen nicht, ob diese Kreisringe aus Riesensteinen eine Kultstätte bildeten und suchen nach einer Erklärung für den ungeheuren Aufwand, der bei dem Bau dieses Monuments getrieben worden war.

Es gibt viele Spekulationen. Eine davon zielt in die Richtung eines astronomischen Observatoriums, das vielleicht dazu dienen sollte, die Tag- und Nachtgleiche eindeutig festzulegen. Lohnte sich dafür der Aufwand? Bei der Beantwortung dieser Frage sollte bedacht werden, dass zur damaligen Zeit wahrscheinlich die uns heute geläufigen kosmischen Rhythmen noch nicht bekannt waren, dass es aber von enormer Tragweite für die Vorausberechnung von Aussaat- und Erntezeiten war, gewisse zeitliche Fixpunkte im Jahreslauf zu kennen.

2   Wie man Elementarteilchen entdeckt

Abb. 1.1 Stonehenge im Juli 2008. © Operarius; Wikimedia Commons, CC BY-SA 3.0

Der Steinkreis von Stonehenge ist der berühmteste unter vielen ähnlichen Steinkreisen in Deutschland, Großbritannien, Frankreich und sogar in Afrika, die man heute noch besichtigen kann, und es gibt eine ganze Reihe weiterer großer Bauwerke und Beispiele von „gebautem Wissen", die seinerzeit der Erforschung des Himmels dienten, sei es aus religiösen Gründen, sei es auch aus ganz nüchternen Gründen, um Aussaat und Ernte optimal zu gestalten. Zu diesen Bauwerken zählen auch die sogenannten Kalenderbauten, wie der Sonnentempel von Teotihuacan (Mexiko), der um das Jahr 100 entstand, und der von Konark (Indien) aus dem 13. Jahrhundert.

1 Einleitung 3

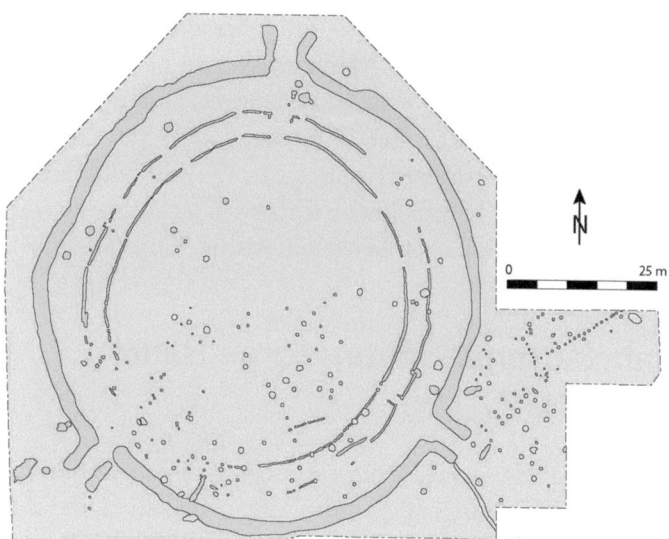

Abb. 1.2 Kreisgrabenanlage von Goseck. Aus Bertemes und Northe (2012), Abb. 4

In Deutschland gibt es seit einigen Jahren eine „Kreisgrabenanlage" zu besichtigen, die 1991 entdeckt wurde. Sie liegt bei Goseck in Sachsen-Anhalt und besteht aus einem Grabenring mit einem Durchmesser von ca. 75 m, in den Sichtöffnungen eingelassen sind, die auf Sonnenaufgang und Sonnenuntergang zur Zeit der Wintersonnwende abgestimmt sind (s. Abb. 1.2, vgl. Abb. 8.6, die ein Synchrotron zeigt, das ganz ähnliche Eingänge für die Injektion und Ejektion der Teilchen aufweist). Die Entstehungszeit wird auf 4900–4700 v. Chr. geschätzt, sie liegt also deutlich vor der Entstehungszeit von Stonehenge, das man auf das 2. oder 3. vorchristliche Jahrtausend datiert

(2000–2500 v. Chr.). Eine 10.000 Jahre alte Kalenderanlage mit 12 Gruben für die Monate vermutet man in Warren Field (Schottland). Goseck ist derzeit das älteste bekannte Sonnenobservatorium der Welt. Bei zahlreichen anderen ähnlichen Rundbauten (Hopferstedt, Quedlinburg u. v. a.) ist der Zweck (Himmelsbeobachtung oder kultische Verwendung?) nicht so klar bewiesen, wie bei Goseck.

Jahrtausende später: Large Hadron Collider

Lassen Sie uns nun nach diesem Ausflug zu den kreisförmigen Großforschungsanlagen der Vergangenheit in die Zukunft aufbrechen: Wir schreiben das Jahr 3500. Vieles, was vor gut 1500 Jahren – also heute – aufgeschrieben oder elektronisch gespeichert worden ist, blieb auf irgendeine Weise erhalten. Anderes ist dem Zeitenwandel zum Opfer gefallen und in Vergessenheit geraten. Über so eine lange Zeitspanne kann viel passieren, wie wir aus der Geschichte wissen. Im Jahr 3500 begibt sich also ein Archäologenteam in die Gegend des alten Genf, weil sich hartnäckig Gerüchte halten, dass es dort einmal geheimnisvolle Tunnelsysteme gab, die zu einer riesigen Forschungsanlage gehörten, einem „Teilchenbeschleuniger" mit dem Namen „Large Hadron Collider", wie man in alten Schriften lesen kann.

Die Archäologen wollen das Geheimnis lüften und stoßen nach mehreren vergeblichen Versuchen an unterschiedlichen Grabungsorten tatsächlich auf Relikte einer gewaltigen Anlage. Sie finden Magnete und verrostete Metallteile, von Ratten zernagte Kabel und Teile eines eingestürzten Tunnelsystems. Angesichts des Ausmaßes des uralten Komplexes stehen die Archäologen vor einem Rätsel. Was hat das alles zu bedeuten? Was wollten die Menschen vor 1500 Jahren damit erreichen? Handelt es sich um Überreste einer religiösen Kultstätte? Oder war es eine astronomische Forschungsanlage wie Stonehenge und die Sonnentempel?

Und was bedeutet „Large Hadron Collider"? „Large" ist leicht verständlich, denn die Tunnel erstrecken sich wirklich über viele Kilometer. Aber was ist ein „Hadron"? Das altgriechische „αδρος" bedeutet dick und stark – es ging also um gewichtige Dinge. Und warum hat man einen „Collider" gebaut, also eine Anlage, um Zusammenstöße zu produzieren? Wo man doch sonst eher darauf bedacht ist, Zusammenstöße zu vermeiden?

Vielleicht wird es den Menschen im Jahre 3500 mit den Überresten des LHC wirklich so ähnlich gehen wie uns mit den Relikten jener frühen Großforschungsanlagen. Vielleicht ist auch das, was heute für uns mühsame Forschung ist, in ferner Zukunft banale Selbstverständlichkeit.

Was das Buch bringen wird

Stonehenge ist kein Teilchenbeschleuniger, und die Kalenderbauten sind keine Detektoren für physikalische Prozesse. Von den Bauwerken aus alter Zeit führt also kein direkter Weg zu den großen Forschungsanlagen, um die es in diesem Buch gehen wird. Deren Geschichte fängt viel später an: als zum ersten Mal in der Geschichte der Wissenschaft „Teilchen" beschleunigt wurden. Bevor wir uns aber der Geschichte der Teilchenbeschleuniger zuwenden können, müssen wir zunächst zwei Fragenkomplexe beantworten, die zwei Begriffe betreffen: „Teilchen" und „Beschleuniger".

Elementarteilchenphysik
Bei dem ersten großen Fragenkomplex geht es also um „Teilchen": Was sind diese Teilchen? Und welche von ihnen sind besonders interessant? Wir müssen dazu etwas tiefer in die Elementarteilchenphysik einsteigen und einen Besuch im „Elementarteilchenzoo" machen. Wie sieht das Standardmodell aus, das diesen Zoo erklären will? Wie hat es sich aus den ersten Anfängen bis zu den allerneuesten Entdeckungen um das Higgs-Teilchen entwickelt?

Beschleunigung der Teilchen
Der zweite Fragenkomplex knüpft an den ersten an und betrifft die „Beschleunigung": Warum will man überhaupt Teilchen beschleunigen? Und welche? Was will man damit herausfinden? Welche Experimente muss man durchführen, und welche Erkenntnisse kann man aus ihnen gewinnen?

In der experimentellen Teilchenphysik, die auf Beschleunigerexperimenten aufbaut, unterscheiden wir also zwei Wissenschaftsbereiche mit einem je eigenen Expertenwissen. Da ist zum einen die Teilchenphysik, zum anderen die Beschleunigerphysik und -technologie. Beide wirken zwar eng zusammen, erfordern aber unterschiedliche Detailkenntnisse. Im Laufe der Wissenschaftsgeschichte hat sich auch die Reihen- und Rangfolge geändert. War es in den Anfängen so, dass Experimente den Takt vorgaben und die Theoretiker herausforderten, nach Erklärungen zu suchen, so hat sich der Trend ziemlich schnell umgekehrt: Nun stellten die Theoretiker Postulate, Hypothesen und Theorien auf, die durch Experimente verifiziert (oder widerlegt) werden sollen.

Geschichte der Teilchenbeschleuniger

Wenn wir nun wissen, was Teilchen sind und warum man sie beschleunigt, können wir daran gehen, die Technologien der Teilchenbeschleuniger zu untersuchen, also zu fragen, wie diese Anlagen funktionieren. Dazu werfen wir einen Blick in ihre Geschichte, die aber keineswegs abgeschlossen ist. Sie wird derzeit von zwei Trends geprägt: Erstens werden immer größere Anlagen gebaut, und zweitens nimmt die Verbreitung von Teilchenbeschleunigern weltweit rasant zu, in Krankenhäusern finden sich heute beispielsweise Tausende von ihnen.

Geschichte der Detektoren

Wichtige Bestandteile aller Beschleuniger sind die Detektoren. Ohne sie könnte man beschleunigen so viel man wollte, ohne ein Ergebnis zu erhalten. Die Detektoren sind sozusagen die Schnittstelle zwischen dem Geschehen im Allerkleinsten, das unseren natürlichen Sinnen verborgen bleibt, und unseren eigenen Erkenntnismöglichkeiten.

Laboratorien

Beschleuniger und Detektoren gehören also zusammen. Damit ist der Zeitpunkt gekommen, uns den Laboratorien zuwenden, die all diese Geräte zusammenfügen und einsetzen, um uns letztlich die Ergebnisse zu liefern, auf die wir aus sind und die unsere Weltsicht so stark verändern.

Dazu gehören so bekannte Großforschungseinrichtungen wie CERN in Genf, DESY in Hamburg, die Gesellschaft für Schwerionenforschung in Darmstadt, das FermiLab und das LAC in Stanford, aber auch die ELSA-Anlage am Physikalischen Institut in Bonn.

Die eingehende Beschreibung dieser Großanlagen wird noch durch ein Verzeichnis wichtiger Beschleuniger auf der ganzen Welt mit ihren Leistungsmerkmalen und Forschungsgegenständen ergänzt.

Meilensteine

Damit die Theorie und die beschriebenen Geräte und Laboratorien etwas plastischer werden, soll schließlich anhand einiger Beispiele von Meilensteinen der Wissenschaftsgeschichte gezeigt werden, wie der Weg vom theoretischen Ansatz über das Experiment zum Ergebnis verläuft. Wir wollen dazu Meilensteine wählen, die zu einer neuen Sicht auf den Mikrokosmos geführt haben, aber auch unsre Kenntnisse des Universums und seiner Entstehung erweitert haben. Dazu gehören die Entdeckung des J/ψ-Mesons, die Erzeugung von Transuranen, die Entdeckung des Top-Quarks und der Nachweis des Higgs-Teilchens.

2
Strahlung

Dieses Kapitel führt in die Grundbegriffe der Elektrodynamik ein, die wir später bei der Diskussion der Teilchenbeschleuniger brauchen: Von den „klassischen" Vorstellungen des Lichts – seiner Wellen- und Teilchenstruktur – über die Maxwell'schen Gleichungen bis zu den Folgen der Relativitätstheorie, zur konstanten Lichtgeschwindigkeit und zu Einsteins berühmtester Gleichung $E = mc^2$.

Die Natur des Lichts: Welle oder Teilchen?

Es waren Untersuchungen der Strahlungsprozesse von sichtbarem Licht und der Wärmestrahlung, die die Entwicklung der Quantenphysik auslösten, der Basis für die Teilchenbeschleuniger, denen dieses Buch gewidmet ist. Tatsächlich aber ist die Frage nach der Natur des Lichts viel älter und hat schon in früheren Zeiten zu großen Kontroversen geführt. Daher lohnt hier in kurzer Blick zurück: Was ist Licht? Und wie hat sich die physikalische Vorstellung vom Licht im Laufe der Geschichte gewandelt?

Bereits im Altertum haben sich Forscher und Philosophen mit diesen Fragen beschäftigt und sehr moderne

Ideen entwickelt. Für den Vorsokratiker Demokrit (460–370 v. Chr.), den ersten Vertreter des Atomismus, bestand das Licht aus Teilchen, die sich von den Gegenständen, die wir sehen, als „Eidola" auf den Weg in unsere Augen machen: „Denn von jedem Ding gibt es immer eine Art Ausströmung", zitiert ihn Theophrast aus einer verloren gegangenen Schrift. Für Platon (428–348 v. Chr.) und Euklid (360–280 v. Chr.) ging dagegen das Licht in Form von Sehstrahlen vom Auge aus. Aristoteles (384–322 v. Chr.) wiederum sah im Licht immaterielle Strahlen, die von leuchtenden Körpern wie der Sonne ausgehen: Trifft ein solcher Strahl ein Objekt, wird er reflektiert, und der reflektierte Strahl wird vom Auge wahrgenommen. Der Dualismus Welle-Teilchen bestand also schon seit der Antike – ganz ähnlich wie die Vorstellung von der Erde als Scheibe oder als Kugel und die Vorstellung von Sonne oder Erde als Mittelpunkt des Himmelssystems.

Ein großer Zeitsprung führt uns zu dem holländischen Physiker Christiaan Huygens (1629–1695), für den in seiner *Traité de la lumière* von 1690 (deutsch: *Abhandlung über das Licht,* 1890) eine Lichtquelle kugelförmige Fronten von Lichtwellen ausstrahlte. Ganz anders bestand für Isaac Newton (1643–1727) nur wenige Jahre später in seinem Buch *Opticks* von 1704 (deutsch: *Optik,* 1898) das Licht aus winzigen Partikeln oder Korpuskeln, mit deren Bewegungen er die Ausbreitung des Lichts erklärte. Damit schuf Newton die Grundlagen für die moderne wissenschaftliche Optik. Huygens' Ansicht setzte sich gegen Newtons Bild im 19. Jahrhundert durch, unter anderem aufgrund der Entdeckung von Interferenzerscheinungen durch überlagerte Lichtwellen.

Wellenoptik: Beugung und Interferenz

Die Interferenz ist das Paradebeispiel eines Wellenphänomens. Erstmals wurde 1802 von Thomas Young (1773–1829) beobachtet, dass eine Lichtwelle wie jede andere Welle die Möglichkeit besitzt, andere Wellen zu überlagern und sie dabei auszulöschen oder zu verstärken.

In homogenen Medien breiten sich Wellen normalerweise geradlinig aus – daher auch die Modellvorstellung vom geraden Lichtstrahl. Wenn aber Hindernisse auftauchen, wie beispielsweise eine Blende mit einem Spalt, ist dies nicht mehr unbedingt der Fall: Das Licht wird gebeugt (Abb. 2.1).

Der Versuchsaufbau von Young verdient näheres Hinsehen, da ähnliche Versuche in der Quantenmechanik eine große Rolle spielen werden. Young ließ Licht durch einen

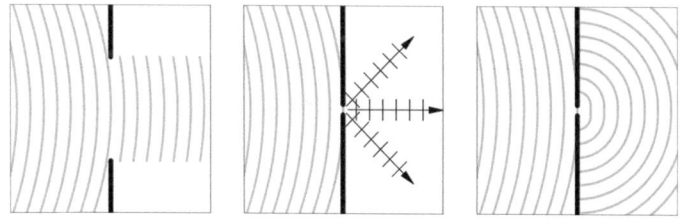

Abb. 2.1 Beugung. Eine Lichtwelle bewegt sich von links nach rechts auf eine Blende zu. Im *linken Bild* hat die Blende eine relativ große Öffnung, sodass ein einfacher Schattenwurf des Hindernisses entsteht. Im *mittleren Bild* ist die Öffnung kleiner, und die Wellen werden hinter dem Hindernis gebeugt. *Rechts* ist der Durchmesser der Öffnung so klein, dass die Anordnung wie eine Lichtquelle wirkt, die ihre eigenen Kugelwellen aussendet. Aus Osterhage (2012)

sehr engen Doppelspalt treten. Dieser wirkt wie zwei separate Lichtquellen, die bei genügend kleinen Abmessungen annähernd in Phase strahlen. Das von den beiden Spalten ausgehende Licht überlagert sich dann auf dem Weg zu einem Beobachtungsschirm, sodass entsprechend der Differenz ihrer jeweiligen Phasen, also der „Phasenverschiebung", das überlagerte Licht entweder geschwächt oder verstärkt wird.

Die physikalische Erklärung der Interferenz ist im Wellenbild nicht sehr schwer, bereits Huygens hatte eine anschauliche Erklärung: Von jedem Spalt geht eine „Elementarwelle" aus, d. h. eine Kreis- oder Kugelwelle, die sich hinter der Blende gleichmäßig ausbreitet (Abb. 2.1, rechts). Offensichtlich addiert sich die Auslenkung, wenn sich bei einem Doppelspalt zwei Wellenberge (oder -täler) überlagern, zu einem Maximum (konstruktive Interferenz). In diesem Fall schwingen beide Wellen im Takt, man sagt, sie sind „in Phase". Umgekehrt schwächen sich Wellenberge und -täler gegenseitig ab (destruktive Interferenz), wenn immer ein Berg der einen auf ein Tal der anderen Welle trifft und die Wellen somit „außer Phase" sind. Im Extremfall löschen sich beide Wellen komplett aus (Abb. 2.2).

Die ersten Beugungsversuche führten zu Zweifeln an Newtons Korpuskeltheorie des Lichts, die Interferenzerscheinungen beim Young'schen Doppelspaltversuch zu ihrer Widerlegung: Zwei Partikel, die sich im gleichen Raumbereich zusammenfinden, können nicht abwechselnd verschwinden und mit „doppelter Kraft" wieder auftauchen!

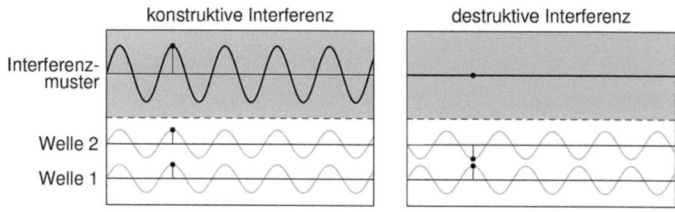

Abb. 2.2 Interferenz. Zwei Wellen überlagern sich, *links* sind sie in Phase (Berg auf Berg, Tal auf Tal; konstruktive Interferenz), *rechts* um 180° phasenverschoben (Berg auf Tal; destruktive Interferenz). Aus Osterhage (2012)

Elektrodynamik: Maxwell'sche Gleichungen

Im nächsten Schritt wird es theoretischer. Wir springen vom Beginn des 19. Jahrhunderts in seine zweite Hälfte, als James Clerk Maxwell (1831–1879) die Theorien von Elektrizität, Magnetismus und Optik mit seinen berühmten vier Gleichungen von 1864 vereinheitlichte, die die Beziehungen zwischen elektrischen Ladungen und einem elektrischen und magnetischen Feld beschreiben.

Auch die Geschichte der elektrischen Ladung geht in die Antike zurück. 550 v. Chr. machte der Vorsokratiker Thales von Milet (624–547 v. Chr.) Versuche mit Bernstein (griech. ηλεκτρον – der Begriff Elektrizität hat hier seinen Ursprung) und der von ihm verursachten statischen elektrischen Auflagung. Nach dem Mittelalter kam die Idee eines Fluidums auf (William Gilbert, 1544–1603), das die Körper umgab und Träger der Elektrizität war. Der moderne Feldbegriff, der bei Gilbert schon anklingt, wurde von

Michael Faraday (1791–1867) entwickelt. Er und Maxwell gingen von einem elektromagnetischen Feld aus, das vom Äther getragen wird, einem geheimnisvollen Stoff, der uns später noch begegnen wird.

Die Stärke eines Felds ist grundsätzlich durch die Kraft definiert, die es auf einen Körper ausübt, mit dem es in Wechselwirkung steht. Nach Maxwells Vorstellungen ist das Licht in einem Feld eine Welle, die „transversal", also senkrecht zur Ausbreitungsrichtung schwingt und gebeugt oder gebrochen werden kann.

Maxwell beschrieb das Verhalten der Welle im Feld in vier berühmten Gleichungen, die wir hier nicht im Einzelnen diskutieren können, deren Sinn aber grob dargestellt werden muss, da sie letztlich einem Großteil der physikalischen Prozesse in Teilchenbeschleunigern zugrunde liegen:

$$\nabla E = \rho/\varepsilon_0 \quad (2.1)$$

$$\nabla B = 0 \quad (2.2)$$

$$\nabla \times E = -\partial B/\partial t \quad (2.3)$$

$$\nabla \times B = \mu_0 j + \mu_0 \varepsilon_0 \partial E/\partial t \quad (2.4)$$

Der Nabla-Operator ∇, der nach einer phönizischen Harfe benannt ist, die diese Form hat, ist ein Vektor aus den partiellen räumlichen Ableitungen $\partial/\partial x$ etc. und gibt das räumliche Gefälle des Feldes an, $\times$ bezeichnet ein Vektorprodukt. Die erste Gleichung besagt, dass elektrische Ladungen ρ/ε_0 (ρ ist die Materiedichte, ε_0 die elektrische Feldkonstante, eine Materialkonstante) ein elektrisches Feld E erzeugen: Von jeder elektrischen Ladung gehen je nach Vorzeichen der Ladung entweder Feldlinien aus oder sie münden in ihr.

2 Strahlung

Die zweite Gleichung behandelt die Quelle von Magnetfeldern. Die einfache Aussage lautet: Es gibt keine! Genauer gesagt: Es gibt zwar isolierte elektrische Ladungen, aber keine einzelne, isolierte magnetische Nord- oder Südpole. Vielmehr sind alle magnetischen Feldlinien in sich geschlossen.

Die dritte und vierte Maxwell-Gleichung behandeln den Fall eines elektrischen und/oder magnetischen Felds, das sich zeitlich ändert (was sich durch $/\partial t$ ausdrückt), daher nennt man Maxwells Theorie auch „Elektrodynamik". Nach Maxwells dritter Gleichung erzeugt jede zeitliche Magnetfeldänderung $\partial B/\partial t$ ein elektrisches Feld und induziert damit eine elektrische Spannung. Die vierte Maxwell-Gleichung besagt, dass umgekehrt zeitlich veränderliche elektrische Felder $\partial E/\partial t$ magnetische Wirbelfelder induzieren (j ist die Stromdichte, μ_0 die magnetische Feldkonstante oder Permeabilität, wieder eine Materialkonstante).

Die Frage ist nun, was dieses Feld mit elektrischen Ladungen bzw. geladenen Teilchen anstellt.

Elektrische und magnetische Felder sind untrennbar miteinander verbunden, und die Veränderungen des einen Felds beeinflussen jeweils das andere Feld. Deshalb spricht man auch meist einfach vom „elektromagnetischen Feld".

Geladene Teilchen im elektromagnetischen Feld

Elektrisches Feld

Die Feldstärke ist wie die Kraft ein Vektor, hat also Größe und Richtung. In einem elektrischen Feld der Feldstärke E, das sich beispielsweise zwischen zwei Leiterplatten im Abstand d aufbaut, an denen die Spannung U liegt, wirkt auf eine Probeladung q die (Lorentz-)Kraft F. Es gilt:

$$E = F/q \text{ bzw. } F = qE = qU/d \text{ und } E = U/d \tag{2.5}$$

In anderen Worten: Die Feldstärke wird durch das Spannungsgefälle definiert, also die Spannung, die angelegt ist, bezogen auf die Distanz der beiden Pole. Die Einheit der elektrischen Feldstärke ist V/m. Eine Spannung $U = 1\,\text{V}$, deren Pole 1 m voneinander entfernt sind, bewirkt eine Feldstärke von $E = 1\,\text{V/m}$.

In unserer Alltagswelt liegt die elektrische Feldstärke in der Atmosphäre in Bodennähe bei 100–300 V/m, bei einem Gewitter wächst sie auf einige 10.000 V/m an. Blitze entstehen ab einer Feldstärke von mehr als 150.000–200.000 V/m. Die vom Material abhängige „Durchschlagsfestigkeit", die in der trockenen Luft bei mehr als 1 Million V/m liegt und im Vakuum noch zehnmal höher ist, setzt bei Teilchenbeschleunigern eine Grenze für die Feldstärke: Ein Funke schlägt über, und das Feld bricht zusammen.

Die Kraft F beschleunigt die Probeladung q mit der Masse m mit A:

$$A = F/m = qE/m \tag{2.6}$$

Den Zuwachs an kinetischer Energie

$$\Delta E_{\text{kin}} = qU \qquad (2.7)$$

den das Teilchen erfährt, wenn es eine Spannungsdifferenz U durchläuft, ist für Teilchenbeschleuniger eine besonders wichtige Größe. Die Energiedifferenz wird in eV (Elektronenvolt) angegeben, sie kann Werte bis zu einigen TeV annehmen, wobei der Rekord derzeit (2015) bei 14 TeV liegt.

> Die Messung von Energie und Masse: Die Energie wird in Joule (J) gemessen (1 J = 1 kg m^2/s^2 = 1 CV). Im Bereich der Teilchenphysik wird die Energie in Elektronenvolt (eV) gemessen: 1 eV = 1,6 · 10^{-19} Joule, das ist die Energie, die ein Elektron beim Durchlaufen einer Spannung von 1 Volt aufnimmt – von daher auch der Name. Vorsilben: M = Mega = 10^6, G = Giga = 10^9, T = Tera = 10^{12}, P = Peta 10^{15}, Y = Yotta = 10^{24}. In der Teilchenphysik wird Elektronenvolt auch als Masseneinheit verwendet, die Masse eines Teilchens ist seine Ruheenergie dividiert durch das Quadrat der Lichtgeschwindigkeit nach $E = mc^2$. Wird im Folgenden die Masse in MeV angegeben, ist damit E/c^2 gemeint, die Einheit ist also eigentlich MeV/c^2. 1 eV/c^2 = 1,78 · 10^{-36} kg.

Magnetfeld
Für geladene, bewegte Teilchen gilt in einem Magnetfeld mit der Flussdichte B (die Flussdichte ist die mit μ_0 multiplizierte Feldstärke) und dem magnetischen Teil der Lorentz-Kraft F_B

$$F_B = qv \times B \text{ und } B = F_B/(|qv|) \qquad (2.8)$$

Dabei ist q wieder die Ladung des Teilchens und v seine Geschwindigkeit, das × bezeichnet ein Vektorprodukt. Die magnetische Flussdichte wird in Tesla angegeben (1 T = 1 Vs/m^2), das Erdfeld weist ca. 10^{-5} T auf, künstlich werden einige 10.000 T erzeugt, in bestimmten Sternen, den Magnetaren, werden 10^8 bis 10^{11} T erreicht. Es gilt für negative Ladungen die „Linke-Hand-Regel": Bewegt sich das Teilchen mit v in Richtung des Daumens und laufen die Feldlinien von B längs des ausgestreckten Zeigefingers, wirkt die Kraft in Richtung des abgewinkelten Mittelfingers und führt zu einer Kreisbahn. Die zugehörige Gleichung sieht für die Zentripetalkraft so aus:

$$qv_s \times B = mv_s^2/R \qquad (2.9)$$

Für den Radius der Kreisbahn R gilt

$$R = mv_s/qB \qquad (2.10)$$

Die Winkelgeschwindigkeit ω dieser Kreisbewegung beträgt

$$\omega = v_s/R = qB/m \qquad (2.11)$$

Daraus ergibt sich die sogenannte „Zyklotronfrequenz" f, die wir später noch brauchen werden:

$$f = \omega/2\pi = qB/(2\pi m) \qquad (2.12)$$

Wir wollen das nun alles am Beispiel eines Elektrons mit der Ladung q (der sogenannten „Elementarladung") und der Masse m durchrechnen, einem Teilchen, das wir später noch ausführlich diskutieren werden. Wie verhält es sich in einem Magnetfeld der Flussdichte 1 Tesla?

Mit $q = 1,6 \cdot 10^{-19}$ C, $m = 9,1 \cdot 10^{-31}$ kg und einer Spannungsdifferenz U, die zu einem Energiezuwachs von 1 eV führt, erhält man als Zyklotronfrequenz $f = 2,8 \cdot 10^{10}$ Hertz und als Geschwindigkeit $v = 5,9 \cdot 10^5$ m/s (das sind 0,2 % der Lichtgeschwindigkeit – man kann also nicht-relativistisch rechnen). Daraus folgt für den Radius R der Elektronenbahn, der nach dem amerikanischen Physiker Joseph Larmor (1857–1942) auch Larmor-Radius genannt wird, $R = 3,4 \cdot 10^{-6}$ m.

Elektromagnetische Wellen und Spezielle Relativitätstheorie

Eine fundamentale Konsequenz aus Maxwells Gleichungen ist die Tatsache, dass elektromagnetische Felder sich wellenförmig in den Raum ausbreiten können, und zwar mit der Lichtgeschwindigkeit c. Wie dies physikalisch vor sich geht, werden wir gleich an einem einfachen Beispiel sehen.

Körper neigen dazu, ein thermisches Gleichgewicht anzunehmen – von der Region mit der höheren Temperatur wird Wärme an die kältere Region übertragen, bis beide Regionen die gleiche Temperatur aufweisen. Der Wärmetransport kann dabei auf drei Arten geschehen: durch direkten Kontakt (Hand an der Heizung), durch Konvektion in Flüssigkeiten oder Gasen (sprudelnd kochendes Wasser erhitzt die Kartoffeln effektiver als die trockene Herdplatte) oder aber durch Emission und Absorption von elektromagnetischer Strahlung (Heizsonne). Tatsächlich sendet jeder Körper permanent eine solche Strahlung aus, deren Frequenz- bzw. Wellenlängenspektrum in charakteristischer Weise von seiner Temperatur abhängt. Je wärmer der Körper ist, desto kürzer ist die Wellenlänge bzw. desto höher ist die Frequenz der emittierten Strahlung. Frequenz und Wellenlänge der elektromagnetischen Strahlung umfassen ein Spektrum, das sich über viele Größenordnungen erstreckt – von den Radiowellen mit Wellenlängen von 1 km über das sichtbare Licht bis zu den Gammastrahlen mit Wellenlängen von nur noch 10^{-13} m.

Lichtgeschwindigkeit

Schallwellen sind fortschreitende Dichteschwankungen der Luft oder auch in anderen Stoffen und zeigen ebenfalls Interferenzeffekte. Viele Beobachtungen und Gesetze mechanischer Schwingungen und Wellen gelten auch für elektromagnetische Wellen. Daraus schloss man im 19. Jahrhundert, dass auch die nun allgemein anerkannten Lichtwellen eine Art „Medium" benötigen, in welchem das Licht schwingt wie die Luftmoleküle bei einer Schallwelle. Dieses Medium musste extrem leicht und elastisch sein und das gesamte Universum durchfluten. Wie schon erwähnt, nannte man es in Anklang an antike Vorstellungen Äther, was aber nicht mit dem Äther (genauer: Diäthyläther) zu verwechseln ist, der zur Betäubung verwendet wird und heute meist Ether geschrieben wird. Die Vorstellung vom Äther war im späten 19. Jahrhundert unter Physikern sehr beliebt, da man ihn für die unabdingbare Voraussetzung für die Ausbreitung von Lichtwellen hielt.

2 Strahlung

Die Diskussion um den Äther als Ausbreitungsmedium von elektromagnetischen Wellen spielte für die Relativitätstheorie dieselbe Rolle wie die Strahlungsgesetze für die Quantenphysik, und das fast genau zur gleichen Zeit. Es lohnt sich daher, hier einen kleinen Exkurs einzuschieben.

Bei der schönen Theorie vom Äther gab es nur ein Problem: Der experimentelle Nachweis dieser Substanz fehlte. Daher konzipierte Albert Abraham Michelson (1852–1931) ein Experiment, das er zuerst 1881 in Potsdam im Observatorium auf dem Telegraphenberg durchführte. Bei dem Experiment (s. Abb. 2.3) gelangte Licht von einer Quelle auf zwei unterschiedlichen Wegen, die zueinander im rechten Winkel standen, zu einem Detektor. Wie auch immer die Apparatur aufgestellt war, lief das Licht einmal in eine bestimmte Richtung in Bezug zur Bewegung der Erde durch den Äther, und einmal quer dazu. Gab es den Äther, musste das Licht daher auf beiden Wegen unterschiedliche Geschwindigkeiten haben und damit unterschiedlich lange unterwegs sein, weswegen im Detektor ein Interferenzmuster zu sehen sein musste.

Michelsons Messergebnis war in jedem Fall eindeutig: Das Licht war auf beiden Wegen mit derselben Geschwindigkeit unterwegs, die vermutete Bewegung relativ zum Äther hatte keinerlei Auswirkungen auf die Geschwindigkeit des Lichts!

Das negative Ergebnis des Michelson-Versuchs, das bis heute Bestand hat, bedeutet zweierlei:

1. Es gibt keinen Äther, Lichtwellen brauchen kein Trägermedium, sondern können sich auch im Vakuum ausbreiten.

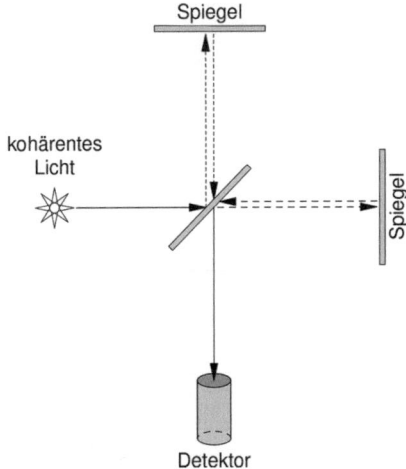

Abb. 2.3 Michelsons Experiment. Ein von einer Quelle mit kohärentem Licht ausgehender Lichtstrahl trifft auf einen um 45° geneigten, halbdurchlässigen Spiegel. Ein Teil des Lichtstrahls wird im 45°-Winkel auf einen weiteren Spiegel (*oben*) geworfen, der den Strahl zum mittleren Spiegel zurückwirft, der andere Teil wird durchgelassen und trifft auf den rechten Spiegel, der den Strahl ebenfalls auf den mittleren Spiegel zurückwirft. Dort treffen beide zurückgeworfene Strahlen aufeinander, werden nach unten gespiegelt und ergeben ein Interferenzmuster, das von einem Detektor registriert wird. Auch wenn man nicht weiß, in welche Richtung sich die Erde (mitsamt der Apparatur) gerade relativ zum Äther bewegt, muss sich der Gangunterschied zwischen den beiden Wegen und damit das Interferenzmuster im Detektor auf jeden Fall ändern, wenn man die Versuchsanordnung dreht. Aus Osterhage (2014)

2. Die Lichtgeschwindigkeit ist unabhängig von der Bewegung der Lichtquelle.

Diese Resultate und ihre einschneidenden Konsequenzen wurden vor allem von Albert Einstein (1879–1955) zur Speziellen Relativitätstheorie ausgearbeitet. Warum ist das Thema „Spezielle Relativitätstheorie" in einem Buch über Teilchenbeschleuniger wichtig? Der Grund ist, dass die Geschwindigkeit der Teilchen, deren Beschleunigung wir betrachten, in die Nähe der Lichtgeschwindigkeit kommen kann. Wie wir gleich sehen werden, führt das zu ganz besonderen Effekten, die man mit der „klassischen" Physik nicht mehr erklären kann. Um eine genauere Vorstellung von der Speziellen Relativitätstheorie zu bekommen, müssen wir aber zunächst einen Schritt zurückgehen.

Die Galilei-Transformation

In der klassischen, nichtrelativistischen Mechanik wechselt man zwischen zwei nicht beschleunigten, geradlinig bewegten Koordinaten- bzw. Bezugssystemen („Inertialsystemen") mit der nach Galileo Galilei (1564–1642) benannten Transformation. Diese besagt, dass beim Übergang von einem Bezugssystem zum anderen die folgenden Gleichungen für die Koordinaten gelten:

$$x = x' + vt'; y = y'; z = z'; t = t' \qquad (2.13)$$

Hierbei sind x, y, z die räumlichen Koordinaten im ersten System und x', y', z' die Koordinaten im zweiten, welches sich mit der Geschwindigkeit v relativ zum ersten in x-Richtung bewegt, t ist die Zeitkoordinate.

Durch Differenzieren der Galilei-Transformation nach der Zeit erhält man eine Gleichung für die Geschwindigkeit, durch nochmaliges Differenzieren eine für die Beschleunigung und damit die Kraft. Aus dieser Gleichung ergibt sich das Galilei'sche Relativitätsprinzip der klassischen Mechanik.

> Galilei'sches Relativitätsprinzip der klassischen Mechanik: Die Kräfte und damit alle relevanten Gesetze der Mechanik bleiben beim Übergang von einem Inertialsystem zum anderen unverändert.

Wir wollen nun die Galilei-Transformation auf die Ausbreitung einer Lichtwelle anwenden, die wir aus zwei relativ zueinander bewegten Bezugssystemen betrachten, einem System, in dem das Licht in Richtung Erdbewegung (mit Geschwindigkeit v) ausgesandt wird und einem zweiten mit der entgegengesetzten Strahlrichtung.

Die nach Galilei transformierte Lichtgeschwindigkeit c' gegen die Bewegungsrichtung der Erde ist größer als c und beträgt

$$c' = c + v \tag{2.14}$$

Es ist wie bei einem uns entgegenkommenden Auto, das uns schneller erscheint, wenn wir auf es zufahren. Umgekehrt gilt in Bewegungsrichtung der Erde

$$c' = c - v \tag{2.15}$$

Hier ist es wie bei einem Auto, dem wir hinterherfahren: Es erscheint uns langsamer.

Der Michelson-Versuch und eine Vielzahl von weiteren Experimenten haben gezeigt, dass die Gln. 2.14 und 2.15 den tatsächlichen Sachverhalt falsch widergeben: Die Lichtgeschwindigkeit hat in allen Inertialsystemen den Wert $c' = c = 299.792$ km/s. Auf diese Tatsache werden wir später noch genauer eingehen. Es ist aber interessant zu wissen, dass das Relativitätsprinzip der klassischen Mechanik auch auf Erscheinungen des Elektromagnetismus, zu denen das Licht gehört, erweitert werden kann. Es gilt das Einstein'sche Relativitätsprinzip.

> Einstein'sches Relativitätsprinzip: Alle physikalischen Gesetze haben in jedem Inertialsystem die gleiche Form. Insbesondere hat die Lichtgeschwindigkeit in allen Inertialsystemen den gleichen Wert c. Daher lassen sich Inertialsysteme grundsätzlich nicht unterscheiden.

Welche Konsequenzen hat nun die experimentell nicht zu widerlegende Verletzung des Galilei'schen Relativitätsprinzips? Die Lichtgeschwindigkeit c ist ohne jeden Zweifel eine Konstante. Dem hat sich alles andere unterzuordnen, insbesondere können Längen und Zeitabschnitte nicht mehr unabhängig vom Bewegungszustand eines Bezugssystems betrachtet werden. Das Michelson-Experiment beschert uns die geradezu erschreckende Erkenntnis, dass der absolute Raum und die absolute Zeit, von denen wir unbewusst immer ausgegangen sind, ad acta gelegt werden müssen! Diese

Erkenntnisse lassen sich beispielhaft an drei Phänomenen demonstrieren: der Relativität der Gleichzeitigkeit, der Zeitdehnung und der Längenkontraktion.

Lorentz-Transformation
Ist die Lichtgeschwindigkeit absolut konstant, muss die Galilei-Transformation durch andere Gleichungen ersetzt werden. Wir machen dazu den Ansatz

$$x = a(x' + vt') \text{ und } x' = a(x - vt) \qquad (2.16)$$

wobei sich x wieder auf das eine Bezugssystem bezieht und x' auf das relativ dazu bewegte andere System. Da beide Systeme gleichwertig sind, muss der Faktor a in beiden Systemen der gleiche sein. Wir beschränken uns der Übersichtlichkeit halber auf eine Bewegung in x-Richtung, sodass $y = y'$ und $z = z'$ ist, aber nicht notwendigerweise $t = t'$. Bringen wir jetzt die Konstanz der Lichtgeschwindigkeit c ins Spiel, erhalten wir $x = ct$ und $x' = ct'$, und unter Verwendung der Gl. 2.16 folgt nun

$$ct = (c + v)at' \text{ und } ct' = (c - v)at \qquad (2.17)$$

Mit etwas Umformen erhält man schließlich

$$a = 1/\sqrt{1 - v^2/c^2} \qquad (2.18)$$

Jetzt können wir unter Zuhilfenahme dieses Faktors die Galilei-Transformation der klassischen Mechanik durch die sogenannte Lorentz-Transformation der Speziellen Relativitätstheorie ersetzen, die nach dem Physiker Hendrik

Antoon Lorentz (1853–1928) benannt ist. Wir erhalten:

$$x = (x' + vt')/\sqrt{1 - v^2/c^2} \qquad (2.19)$$

$$t = \left[t' + (v/c^2)x'\right]/\sqrt{1 - v^2/c^2} \qquad (2.20)$$

$$x' = (x - vt)/\sqrt{1 - v^2/c^2} \qquad (2.21)$$

$$t' = \left[t - (v/c^2)x\right]/\sqrt{1 - v^2/c^2} \qquad (2.22)$$

Weiterhin gilt $y = y'$ und $z = z'$. Für $v > c$ würde die Zahl unter den Wurzeln negativ, was mathematisch verboten ist. Daraus folgt, dass die Vakuumlichtgeschwindigkeit die obere Grenze aller Geschwindigkeiten ist, kein Objekt kann sich schneller als das Licht fortbewegen.

Ungleichzeitigkeit
Wir nehmen wieder zwei sich relativ zueinander mit der Geschwindigkeit v bewegende Inertialsysteme an. In dem einen System werden zwei Ereignisse festgehalten, einmal zur Zeit t_1 am Ort x_1 und einmal zur Zeit t_2 am Ort x_2. In dem anderen System werden die Ereignisse entsprechend zu den Zeiten t'_1 und t'_2 (und den Orten x'_1 und x'_2) registriert. Nun seien

$$\Delta t = t_2 - t_1 \text{ und } \Delta t' = t'_2 - t'_1 \qquad (2.23)$$

Mit der Lorentz-Transformation ergibt sich daraus

$$\Delta t' = \left[\Delta t - v(x_2 - x_1)/c^2\right]\sqrt{1 - v^2/c^2} \qquad (2.24)$$

Wenn nun im ersten System die Ereignisse zur gleichen Zeit stattfinden, wenn also $t_2 - t_1$ beziehungsweise $\Delta t = 0$ gilt, findet man im zweiten System $\Delta t' \neq 0$, also $t'_2 \neq t'_1$. Mit anderen Worten: Zwei Ereignisse, die für einen Beobachter in einem Inertialsystem gleichzeitig stattfinden, geschehen für einen Beobachter in einem dazu bewegten Inertialsystem zu verschiedenen Zeiten. „Gleichzeitigkeit" ist relativ!

Zeitdehnung (Zeitdilatation)

Wir nehmen jetzt an, dass in den zwei relativ zueinander mit der Geschwindigkeit v bewegten Systemen jeweils eine Uhr steht, wobei beide Uhren zu Beginn und Ende der Zeitspanne $\Delta t = t_2 - t_1$ jeweils ein Lichtsignal aussenden. Misst man diese Zeitspanne vom jeweils anderen System aus – unabhängig von welchem, da beide gleichberechtigt sind – so erhält man immer

$$\Delta t' = \left[\Delta t - v(x_2 - x_1)/c^2\right] \sqrt{1 - v^2/c^2} \qquad (2.25)$$

Das bedeutet für beide Systeme, dass für einen Beobachter die Uhren in dem jeweils anderen System langsamer gehen ($\Delta t' \geq \Delta t$), also die Zeit langsamer als in seinem eigenen System abläuft. Wie wir sehen werden, gibt es Experimente an Teilchenbeschleunigern oder mit Myonen aus der Höhenstrahlung, welche diesen Effekt eindrucksvoll belegen. Die schnell bewegten Elementarteilchen und Myonen scheinen jeweils viel länger zu leben, als sie es eigentlich dürften. Für uns Beobachter geht beispielsweise die „innere Uhr" der Myonen langsamer als unsere Laboruhr. (Da alles immer relativ ist, bekommen die Myonen genau denselben Eindruck von den Physikern, die sie beobachten!)

Längenverkürzung (Längenkontraktion)
Die Lorentz-Transformation bedingt weiter, dass ein Maßstab der Länge l, der sich mit einer Geschwindigkeit v relativ an einem Beobachter vorbeibewegt, diesem Beobachter in Bewegungsrichtung verkürzt (kontrahiert) erscheint. Für diese Verkürzung gilt die folgende Formel:

$$l' = l\sqrt{1 - v^2/c^2} \leq l \qquad (2.26)$$

Denken wir noch einmal an das Michelson-Experiment, so leuchtet sofort ein, warum Längen verkürzt und Zeitspannen verlängert werden: Nur so ergibt sich in allen Bezugssystemen $c = c'$. Noch einmal: Aus der Konstanz der Lichtgeschwindigkeit folgt direkt, dass Raum und Zeit nicht mehr überall und immer gleich aussehen.

Energie-Masse-Äquivalenz

Nun wollen wir uns noch der am häufigsten zitierten, werbewirksamsten und am gedankenlosesten hingenommenen physikalischen Gleichung der Moderne widmen. Sie lautet bekanntermaßen

$$E = mc^2 \qquad (2.27)$$

Einstein hat diesen Zusammenhang 1905 in seiner kurzen Arbeit „Ist die Trägheit eines Körpers von seinem Energieinhalt abhängig?" angegeben: *„Die Masse eines Körpers ist ein Maß für dessen Energiegehalt."* Gleichung Gl. 2.27 bringt zum Ausdruck, dass die Masse m und die Energie E eines Körpers äquivalent sind, also zwei Erscheinungsformen derselben physikalischen Größe darstellen. An dieser Stelle soll die Gleichung nun aus den Beziehungen der Speziellen Relativitätstheorie hergeleitet werden.

Für den relativistischen Impuls, der weiterhin als das Produkt aus Masse und Geschwindigkeit definiert ist, gilt:

$$p = mv = m_0 v / \sqrt{1 - v^2/c^2} \qquad (2.28)$$

Dann gilt für die Gesamtmasse m, die von der Geschwindigkeit v und m_0, der Ruhemasse eines Körpers, abhängig ist:

$$m = m_0 / \sqrt{1 - v^2/c^2} \qquad (2.29)$$

Ist v klein wie in unserem Alltag, muss die relativistische Impulsgleichung wieder in die aus der klassischen Mechanik bekannte Gleichung übergehen. Für kleine v ($v \ll c$) gilt die Näherung

$$1/\sqrt{1 - v^2/c^2} \approx 1 + \frac{1}{2}(v^2/c^2) \qquad (2.30)$$

Hiermit und nach Multiplikation von Gleichung Gl. 2.29 mit c^2 ergibt sich

$$mc^2 = \frac{m_0 c^2}{\sqrt{1 - \frac{v^2}{c^2}}} \approx m_0 c^2 \left[1 + \frac{v^2}{2c^2} \right] = m_0 c^2 + \frac{m_0 v^2}{2} \qquad (2.31)$$

Wir erkennen, dass es sich bei dem letzten Term dieser Gleichung um eine kinetische Energie handelt. Also haben auch der andere Summand auf der rechten Seite der Gleichung und der Term ganz links Energiecharakter (da man Äpfel und Birnen genauso wenig addieren kann wie Energien und andere physikalische Größen). Den Ausdruck auf der linken Seite finden wir in der berühmten Gleichung Gl. 2.27 wieder. Er wird als relativistische Energie bezeichnet und setzt sich aus der kinetischen Energie eines Körpers und der seiner Ruhemasse entsprechenden Energie zusammen. Gleichung Gl. 2.29 zeigt uns aber noch etwas anderes: Die relativistische Masse wächst mit zunehmender Geschwindigkeit v. Nähern wir uns dem Grenzfall $v = c$, würde sie ins Unendliche wachsen, da dann der Nenner gegen 0 geht. Auch hier folgt also wieder, dass nichts schneller als c sein kann.

Stichworte zum Weiterlesen
- Energie-Masse-Äquivalenz (bei Kernwaffen, Kernfusion), Massendefekt,
- relativistische, träge, schwere Masse, Ruhemasse,
- Masse und Gewicht.

3
Teilchen und Wellen

Das Kapitel führt über die ersten Experimente, die den Teilchencharakter der elektromagnetischen Strahlung (und insb. des Lichts) zeigten, zur Lösung des Problems „Teilchen oder Welle": zum Planck'schen Strahlungsgesetz, Einsteins Theorie des Photoeffekts und den Experimenten, die diese theoretischen Ansätze bestätigten.

Photoeffekt

Wie erwähnt hatte sich zunächst das Wellenbild der elektromagnetischen Strahlung durchgesetzt, während Newtons Korpuskel in Vergessenheit geraten waren. Unruhe kam dann auf, als Experimente Phänomene zeigten, die sich mit dem Wellenbild nicht erklären ließen. Das wichtigste dieser zunächst unerklärlichen Phänomene war der Photoeffekt.

Als erster erwähnte 1839 Alexandre Edmond Becquerel (1820–1891, der Vater des Entdeckers der Radioaktivität, Henri Becquerel) die Herauslösung von Elektronen aus Metall durch Bestrahlung mit Licht. Heinrich Hertz (1857–1894), der Entdecker der von Maxwell postulierten elektromagnetischen Wellen, traf 1886 auf den photoelektrischen Effekt oder kurz Photoeffekt, als bei Versuchen mit Radiowellen der Detektor einen Anstieg der Signalstärke meldete, wenn metallische Funkenquellen mit UV-Licht bestrahlt wurden. Zwei Jahre später beschäftigte sich Hertz' damaliger Assistent Wilhelm Hallwachs (1859–1922) mit dieser Erscheinung: Er setzte elektrisch negativ aufgeladene Zinkplatten einer UV-Bestrahlung aus und stellte fest, dass die Platten ihre negative Ladung verloren.

Unabhängig voneinander entdeckten der britische Physiker Joseph John (J.J.) Thomson (1856–1940) und der in Bratislava geborene Physiker Philipp Lenard (1862–1947) kurz vor der Jahrhundertwende, dass alle mit UV-Licht bestrahlten Metalle elektrische Ladungen aussenden. Die Träger dieser Ladung waren genau jene Elektronen, die Thomson 1897 erstmals experimentell nachgewiesen hatte (Abschn. 8). Andere Ladungsträger, etwa mit positiver Ladung, wurden nicht identifiziert.

Wenige Jahre darauf stellte Lenard fest, dass die Bewegungsenergie, also die Geschwindigkeit der emittierten Elektronen von der Energie bzw. Frequenz der Strahlung, aber nicht von deren Intensität abhing. Die Intensität beeinflusste lediglich die Zahl der freigesetzten Elektronen. Diese Erkenntnis stand im Widerspruch zur Wellentheorie des Lichts, wonach die Strahlungsenergie (und damit auch die Energie der ausgelösten Elektronen) mit der Intensität zunehmen müsste. Außerdem wurden unterhalb einer bestimmten Grenzfrequenz (bzw. oberhalb einer entsprechenden Grenzwellenlänge) der einfallenden Strahlung überhaupt keine Elektronen freigesetzt – gleichgültig, wie intensiv sie war!

Um zu verdeutlichen, wie wichtig dieses Resultat für die damalige Physik war, wollen wir im Folgenden die Situation sowohl aus theoretischer als auch aus experimenteller Sicht noch einmal zusammenfassen und diskutieren.

Theoretische Überlegungen

Wir erinnern uns an die klassische Vorstellung, dass das Licht eine transversale, also senkrecht zur Ausbreitungsrichtung schwingende elektromagnetische Welle mit Ausbreitungsgeschwindigkeit c ist. Für die Freisetzung von Elektronen beim Photoeffekt folgt daraus:

- Die Energie der einfallenden Welle wird auf eine bestimmte Anzahl Elektronen des Metalls übertragen.
- Die Welle versetzt die Elektronen des Metalls in Schwingungen. Diese Schwingungen schaukeln sich so lange auf, bis die Elektronen die Bindungskräfte ihres Umfelds überwinden und das Metall verlassen. Die überschüssige Energie nehmen sie als Bewegungsenergie mit.
- Steigert man die Bestrahlungsstärke, wächst sowohl die Anzahl der emittierten Elektronen als auch deren Geschwindigkeit und damit Bewegungsenergie.
- Verringert man die Bestrahlungsstärke, verzögert sich die Elektronenemission lediglich, geht aber trotzdem weiter, da die Elektronen nach hinreichend vielen Schwingungen genug Energie aufgenommen haben.

Experimentelle Befunde

Die Ergebnisse der Experimente widersprachen jedoch dieser Theorie:

- Unterhalb einer materialabhängigen unteren Grenzfrequenz f_0 der einfallenden Strahlung traten keinerlei Elek-

tronen mehr aus dem Metall – ganz gleich, wie groß deren Intensität auch war.
- Die Proportionalität zwischen der Intensität und der Zahl freigesetzter Elektronen wurde zwar bestätigt, nicht aber die Abhängigkeit der Elektronengeschwindigkeit von der Intensität. Die Geschwindigkeit der Elektronen hing vielmehr von der Lichtfrequenz f ab, genauer gesagt von der Differenz zwischen f und dem Schwellenwert f_0.
- Eine Zeitverzögerung der Elektronenemission bei Einstrahlung mit niedriger Intensität konnte nicht beobachtet werden. Offensichtlich war der Photoeffekt kein allmähliches Aufschaukeln, sondern ein spontanes Ereignis, das entweder stattfand oder nicht.

Des Rätsels Lösung wurde 1905 von Albert Einstein geliefert, der postulierte, man könne den photoelektrischen Effekt nur erklären, wenn die elektromagnetische Strahlung aus diskreten Quanten besteht. Das Bild vom Licht als reiner Welle, das Ende des 19. Jahrhunderts endgültig durchgesetzt schien, wurde auf den Kopf gestellt: Die Lichtteilchen – heute Photonen genannt – waren in die Physik zurückgekehrt! Einsteins Ansatz wurde 1922 durch die Streuversuche von Arthur Compton experimentell bestätigt.

Kurz darauf bewiesen sowohl theoretische Überlegungen als auch Experimente, dass umgekehrt auch Teilchen wie das Elektron Welleneigenschaften besitzen. Der Begriff der Materiewelle war geboren. Diese Erkenntnisse machten eine grundlegende Revision des klassischen Weltbilds unumgänglich. Die Überzeugung, dass elektromagnetische Wellen, insbesondere Licht, durch ihren Wellencharakter hinreichend beschrieben werden, während Moleküle, Atome oder Elektronen als Teilchen zu verstehen sind (idealisiert als Massenpunkte), wurde durch den Welle-Teilchen-Dualismus der Quantenphysik ersetzt: Materie wie Strahlung zeigen beide einmal Wellen- und einmal Teilcheneigenschaften, statt „entweder-oder" heißt es nun „sowohl-als-auch". Aus der akademischen Diskussion zweier sich ausschließender Standpunkte war eine faszinierende reale Naturerscheinung geworden. Sie bildet heute den Kern des „Standardmodells" der modernen Physik, auf das wir noch ausführlich zurückkommen werden.

Planck'sches Strahlungsgesetz

Einsteins Erklärung beruhte auf Arbeiten von Max Planck (1858–1947), die wir nun diskutieren wollen. Der entscheidende Punkt auf dem Weg zur Quantenphysik war die Erforschung der Wärmestrahlung, also von elektromagnetischen Wellen, die ein Körper entsprechend seiner Temperatur abstrahlt. Planck versuchte Ungereimtheiten im damals anerkannten Kirchhoff'schen Gesetz der Wärmestrahlung zu beseitigen.

Nach diesem Gesetz hatte man bis dahin – dem Wellenbild entsprechend – angenommen, dass Strahlung in beliebig kleinen Mengen ausgesandt und absorbiert werden kann. In der klassischen Optik braucht man sich keinerlei Gedanken darüber zu machen, was beim Zusammenspiel von Licht und Materie (z. B. im Glas einer Linse) im Einzelnen passiert. Die Energie der klassischen Kugelwellen konnte beliebig große oder kleine Werte annehmen. Wie wir heute wissen, gilt dies für die Wechselwirkung zwischen Strahlung und Materie im atomaren Bereich nicht mehr. Man kann diese nur erklären, wenn die Strahlung „gequantelt" ist, was bedeutet, dass die Absorption und Emission von Strahlung nicht kontinuierlich, sondern in Form von „Paketen" geschieht.

Planck untersuchte im Jahre 1900 einen sogenannten „Schwarzkörper", also einen Körper, der sämtliche auf ihn fallende Strahlung jeglicher Wellenlänge vollständig absorbiert, dabei aber gleichzeitig Strahlung emittiert, deren Intensitätsspektrum nur von dessen Temperatur abhängt, nicht aber vom Material des Körpers. Planck machte nun den ersten Schritt von der klassischen Physik zur quantenphysikalischen Atomphysik – übrigens ohne dass er dies beabsichtigt hatte!

Plancks wesentliche Erkenntnis in seiner Arbeit „Ueber das Gesetz der Energieverteilung im Normalspectrum" von 1900 bestand darin, dass das Frequenzspektrums der Strahlung eines Schwarzkörpers nicht kontinuierlich ist, sondern eine Überlagerung von sehr vielen, aber eben doch diskreten Frequenzen darstellt. Das Planck'sche Strahlungsgesetz gab zum ersten Mal einen Hinweis darauf, dass physikalische Vorgänge „quantisiert" oder „gequantelt" ablaufen. Nach Planck entsprechen die Schwingungsfrequenzen der elektromagnetischen Strahlung gequantelten Energiezuständen, was sich als

$$E = nhf \tag{3.1}$$

ausdrücken lässt. Dabei ist f die Schwingungsfrequenz und n eine ganze Zahl ($n = 1, 2, 3\ldots$). Die Naturkonstante h schließlich, die später Planck'sches Wirkungsquantum genannt wurde, bildet die Grundlage der gesamten Quantenphysik. Diese äußerst kleine Wirkung (Wirkung ist Energie × Zeit oder Impuls × Weg) beträgt $6{,}62507 \cdot 10^{-34}$ Js. (Oft wird auch $\hbar = h/(2\pi)$ verwendet.)

Die Lichtteilchen wurden später „Photonen" (von griech. φος = Licht) genannt, wobei der Begriff Photon vermutlich erstmals 1916 verwendet wurde – laut Helge Kragh zuerst von dem amerikanischen Physiker Leonard T. Troland. Die Quanten bewegen sich mit Lichtgeschwindigkeit fort – sie „sind" ja das Licht! Beim Exkurs zur Speziellen Relativitätstheorie konnten wir sehen, dass diese Aussage gleichbedeutend damit ist, dass Photonen keine Ruhemasse besitzen. Sie haben allerdings eine sogenannte Bewegungsmasse, welche von der Energie und damit der Frequenz des Lichts abhängig ist.

Albert Einstein und der Photoeffekt

Äußerer Photoeffekt

Nach diesem Rückgriff auf Planck knüpfen wir wieder an die theoretischen und experimentellen Befunde des Photoeffekts an, die zeigen, dass die klassische Wellentheorie die experimentellen Ergebnisse nicht erklären kann. Mit seiner revolutionären Neuinterpretation konnte Einstein den Photoeffekt nun, wie oben bereits kurz skizziert, folgendermaßen erklären:

Beim Auftreffen eines Photons auf eine metallene Oberfläche wird dessen Energie

$$E_{\text{Photon}} = hf = hc/\lambda \qquad (3.2)$$

Tab. 3.1 Austrittsarbeit ϕ, Grenzfrequenz f_0 und zugehörige Grenzwellenlänge λ_0 sowie die Ionisierungsenergie E_i; 384–789 THz = sichtbares Licht, 789–1500 THz = weiches UV-Licht. Nach V. Peinhart et al., *Der photoelektrische Effekt*, Universität Graz, (2004)

Element	ϕ in eV	f_0 in THz	λ_0 in nm	E_i in eV
Li	2,46	595	504	5,4
Na	2,28	551	543	5,1
K	2,25	544	551	4,3
Rb	2,13	515	582	4,2
Cs	1,94	469	639	3,9
Cu	4,48	1083	277	7,7
Pt	5,36	1296	231	9,0

augenblicklich von einem Elektron aufgenommen, also ohne eine Zeitverzögerung. Durch diese Energieübertragung wird das Elektron freigesetzt – aber immer nur dann, wenn $E_\text{Photon} > \phi$ ist, wenn also die Energie zum Auslösen aus dem Festkörper ausreicht, also die Austrittsarbeit ϕ übertrifft. Die Energiedifferenz $\Delta E = E_\text{Photon} - \phi$ entspricht dann der resultierenden kinetischen Energie des ausgelösten Elektrons, aus der sich wiederum dessen Geschwindigkeit ergibt. Für die kinetische Energie nach der Auslösung gilt:

$$E_\text{kin} = \frac{m_e}{2} v^2 = hf - \phi \qquad (3.3)$$

In dieser Gleichung ist E_kin die Bewegungs- oder kinetische Energie eines freigesetzten Elektrons, m_e seine Masse und v seine Geschwindigkeit, h ist wieder das Planck'sche Wirkungsquantum, f die Frequenz der einfallenden Strahlung und schließlich ϕ die Austrittsarbeit oder -energie, eine für

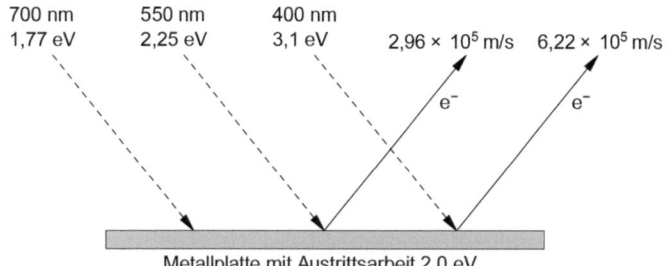

Abb. 3.1 Photoeffekt. Die Austrittsarbeit ϕ des Metalls der Platte beträgt 2,0 eV. Die Lichtstrahlen treffen von *links oben* mit den Energien 1,77 eV, 2,25 eV und 3,1 eV auf. Bei 1,77 eV passiert gar nichts, da diese Energie geringer als die Austrittsarbeit ist. In den anderen beiden Fällen werden Elektronen mit Maximalgeschwindigkeiten von 2,96 bzw. $6,22 \cdot 10^5$ m/s herausgelöst. Aus Osterhage (2014)

jedes Metall charakteristische Konstante. Tab. 3.1 listet die entsprechenden Parameter und die zugehörige Grenzwellenlänge λ_0 für einige Metalle auf. Den Ausdruck *hf* interpretierte Einstein unter Bezugnahme auf Max Plancks Ergebnisse als die Energie des „Lichtpakets" oder Strahlungsquant(um)s, das an das Elektron abgegeben wird. Ist diese Energiemenge größer als die Arbeit, die zur Auslösung eines Elektrons nötig ist, kann es das Metall verlassen und nimmt den Rest des Energiepakets als „Proviant" (kinetische Energie) mit auf den Weg. Da Einsteins Ansatz alle Messdaten perfekt erklären konnte, war der Beweis erbracht, dass Licht auch in einzelnen, diskreten Quanten in Erscheinung treten kann.

Abb. 3.1 zeigt eine Metallplatte, die mit monochromatischem Licht bestrahlt wird, also einfarbigem Licht bzw.

Licht mit einheitlicher Frequenz f und Wellenlänge λ. Alle Photonen dieser Lichtquelle besitzen demzufolge dieselbe Energie nach Gl. 3.2. Aus dieser Energie speist sich die kinetische Energie der emittierten Elektronen. Wird die Lichtintensität gesteigert, erhöht sich die Anzahl der emittierten Elektronen und dadurch der Elektronenstrom. Wird dagegen die Frequenz des einfallenden Lichts geändert, ändern sich die kinetische Energie und die Geschwindigkeit der freigesetzten Elektronen. Bei Frequenzen unterhalb der materialspezifischen Grenzfrequenz f_0, die hier einer Energie der Photonen von 2,0 eV entspricht, kann die erforderliche Austrittsarbeit nicht geleistet werden – selbst wenn die Strahlungsintensität, d. h. die Menge der eintreffenden Photonen, erhöht wird. Bei $f = f_0$ entspricht die Photonenenergie gerade der Austrittsarbeit, es ist also

$$hf_0 = \phi \qquad (3.4)$$

Messung der kinetischen Energie von Elektronen
Man kann die kinetische Energie der Elektronen messen, indem man sie in ein elektrisches Bremsfeld laufen lässt, das z. B. durch einen Kugelkondensator mit der Spannung U erzeugt wird. Es gilt

$$Ue = \frac{m}{2}v^2 \qquad (3.5)$$

mit der elektrischen Ladung e des Elektrons (der elektrischen Elementarladung). Wird Ue größer als der Ausdruck auf der rechten Seite der Gleichung, also die kinetische Energie der Elektronen, können diese nicht mehr zur äußeren Kondensatorschale gelangen. Stellt man sich die

Bremsspannung bildhaft als geneigte Ebene im Raum vor, so wird die Steigung der Ebene bei diesem Spannungswert so groß, dass die Elektronen gerade nicht mehr bis zum Ende der Rampe hinauflaufen können. Aus der Neigung der Rampe (also der gemessenen Spannung) kann man dann auf die Geschwindigkeit (und Energie) der Elektronen schließen.

Innerer Photoeffekt
Die Freisetzung des Elektrons aus einem Festkörper (also z. B. aus einer Metallplatte), wie wir sie diskutiert haben, gehört zum sogenannten äußeren Photoeffekt (auch Hallwachs-Effekt genannt). Wir müssen nun schon ein wenig auf die weiter unten beschriebene Struktur der Atome mit einem Kern und einer Elektronenhülle vorgreifen, um eine zweite und eine dritte Art von Photoeffekt beschreiben zu können. Es kann nämlich sein, dass die Energie des Photons zwar nicht ausreicht, um ein Elektron freizusetzen, dass sie aber das Elektron auf einen angeregten Zustand heben kann: Das ist der innere Photoeffekt. Solche Zustände, die von allen Atomen gemeinsam gebildet werden, können z. B. Elektronen einnehmen, die in das sogenannte „Leitungsband" gehoben werden, was die Voraussetzung für das Fließen von Strom ist. Der innere Photoeffekt wird unter anderem in der Photovoltaik und in Sensoren ausgenutzt.

Photoionisation
Wird das Photon in der Elektronenhülle des Atoms absorbiert, so hängt das nicht nur von der Kernladungszahl des Elements ab, sondern auch von der Schalenposition des Elektrons. Es kann zweierlei passieren: (1) Entweder wird

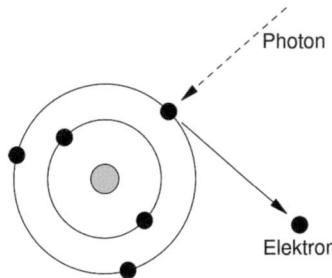

Abb. 3.2 Photoionisation. Dargestellt ist ein Boratom mit seinen zwei Schalen, auf denen sich fünf Elektronen bewegen. Von rechts oben fällt ein Photon ein und setzt eines der äußeren Elektronen frei. Die Ionisierungsenergie dafür beträgt 8,3 eV. Aus Osterhage (2012)

das Elektron auf eine höhere erlaubte Quantenbahn gehoben oder (2) es verlässt sein Atom vollständig, das damit zum positiv geladenen Ion wird (s. Abb. 3.2).

> Ein Ion ist ein elektrisch negativ oder positiv geladenes Atom oder Molekül. Verglichen mit einem neutralen Atom bzw. Molekül hat ein Ion entweder zu viele (negatives Ion) oder zu wenige Elektronen (positives Ion).

Bei der Photoionisation wird also das Elektron (oder auch mehrere Elektronen) eines Atoms in einem Gas freigesetzt. Die dazu nötige Energie ist von der Größe des Atoms und der Schale abhängig, aber auch vom Füllungszustand der Schalen. Die Ionisierungsenergie, die *nicht* mit der Auslösearbeit identisch ist (vgl. Tab. 3.1), reicht von einigen eV bis zu 100 keV. Sie beträgt bei Wasserstoff 13,6 eV, ist bei Edelgasen besonders hoch (Helium: 24,6 eV), bei manchen Elementen sinkt sie auf einige wenige eV ab (beispielsweise Lithium: 5,4 eV).

Der Compton-Effekt

Der Photoeffekt hat gezeigt, dass Licht nicht nur als Welle, sondern auch in einzelnen Quanten, den Photonen, in Erscheinung tritt: Elektromagnetische Strahlung hat also auch Teilchencharakter. Bedeutet dies auch, dass Lichtteilchen Masse und Impuls wie eine kleine Kugel besitzen? Kann man mit Lichtteilchen Billard spielen? Es war dann eine große Leistung, als Arthur Compton (1892–1962) im Jahr 1922 mit seinen Streuversuchen tatsächlich den experimentellen Beleg dafür liefern konnte. Er zeigte nämlich, dass bei der Streuung von Röntgenphotonen an Elektronen Energie und Impuls wie zwischen klassischen Teilchen übertragen werden.

Comptons Versuchsaufbau bestand aus einem Target aus Graphit (also Kohlenstoff), auf das er hochfrequente Röntgenstrahlung einfallen ließ. Die Photonen der Strahlung werden gestreut (Abb. 3.3, Winkel φ), auch die Elektronen werden gestreut (Winkel δ).

Das Spektrum der abgelenkten Strahlung hat zwei Spitzen (Abb. 3.4): ein Maximum liegt bei einer Frequenz, die so groß ist wie die Eingangsfrequenz f_E (elastische Streuung ohne Energieverlust), ein weiteres liegt bei einer niedrigeren Ausgangsfrequenz f_A (inelastische Streuung). Der Frequenzunterschied wächst mit zunehmendem Streuwinkel φ an.

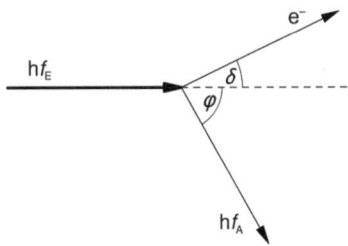

Abb. 3.3 Compton-Effekt. Ein Photon mit der Energie hf_E trifft auf ein Elektron e^-, das unter dem Winkel δ unter Mitnahme von kinetischer Energie gestreut wird, hf_A ist die unter dem Winkel φ abgelenkte Strahlung. Aus Osterhage (2014)

Die Wellentheorie des Lichts kann die inelastische Streuung, also den Energieübertrag bei gleichzeitiger Richtungsänderung der Röntgenphotonen, nicht erklären. Geht man dagegen vom Teilchencharakter der elektromagnetischen Strahlung aus, ergibt sich die Deutung völlig zwanglos: Ein Lichtquant stößt mit einem Hüllenelektron eines Kohlenstoffatoms zusammen. Wie beim klassischen elastischen Stoß auf dem Billardtisch wird das Elektron schräg weggeschossen und das Röntgenphoton läuft mit niedrigerer Energie und mit geänderter Richtung weiter. Die Energiebilanz lautet mit der Eingangsfrequenz f_E und der Ausgangsfrequenz f_A

$$hf_E = hf_A + \frac{m_e}{2} v^2 \quad (3.6)$$

Dabei sind m_e und v wieder Elektronenmasse und -geschwindigkeit, der rechte Summand ist also die kinetische Energie des herausgeschlagenen Elektrons. Stellt man nun auch noch die Impulsbilanz auf, berücksichtigt, dass die

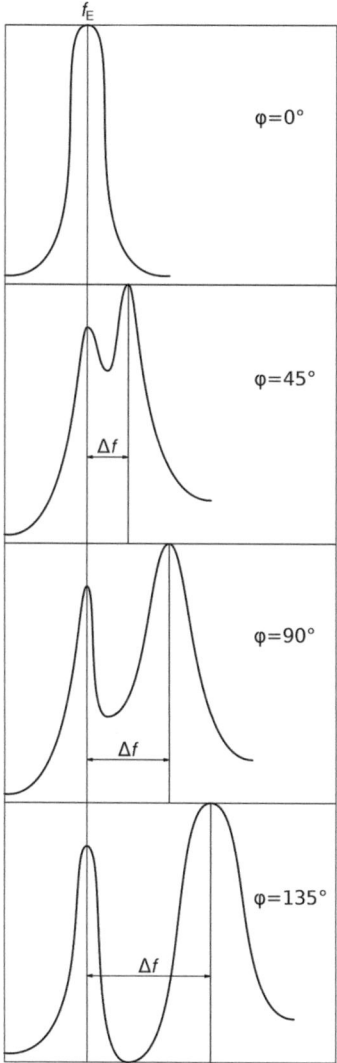

Abb. 3.4 Abhängigkeit der Frequenzverschiebung Δf der Compton'schen Streulinie gegen die Primärlinie bei einem unterschiedlichen Beobachtungswinkel φ. Aus Osterhage (2014)

Differenz $\Delta f = f_E - f_A$ klein ist, formt die Gleichungen etwas um und geht von den Frequenzen auf die häufiger verwendeten Wellenlängen über, erhält man schließlich als Ausdruck für die Wellenlängendifferenz $\Delta \lambda$

$$\Delta \lambda = h/m_e c (1 - \cos \varphi) \qquad (3.7)$$

Diese Formel wird in eindrucksvollster Weise von den gemessenen Daten bestätigt. Die Größe $h/m_e c$ hat die Dimension einer Länge, es ist die sogenannte „Compton-Wellenlänge" λ_C des Elektrons, die der Wellenlänge eines Photons entspricht, dessen (relativistische) Masse genau gleich der (Ruhe-)Masse eines Elektrons ist. Sie beträgt etwa $2{,}43 \cdot 10^{-12}$ m und liegt damit im Röntgenbereich – weswegen man den Versuch auch mit Röntgenstrahlen und nicht mit sichtbarem Licht durchführen muss. Es sei noch ergänzend hervorgehoben, dass $\Delta \lambda$ nicht von der Wellenlänge (bzw. Energie oder Frequenz) der einfallenden Strahlung, sondern nur vom Streuwinkel φ abhängt.

Es gibt auch einen inversen (umgekehrten) Compton-Effekt. Dabei stößt ein hochenergetisches Elektron (etwa aus der kosmischen Strahlung oder einem Teilchenbeschleuniger) auf ein niederenergetisches Photon, auf welches es Energie und Impuls überträgt. Dadurch wird z. B. aus sichtbarem Licht Röntgen- oder Gammastrahlung. Als wichtiges Ergebnis des Compton-Versuchs ist festzuhalten, dass Licht genau wie klassische Teilchen Energie und Impuls auf andere Teilchen übertragen kann.

Materiewellen

Ein weiterer Meilenstein auf dem Weg zur Quantentheorie war die oben schon genannte Entdeckung, dass die Dualität von Welle und Teilchen nicht nur das Licht betrifft, sondern auch Materie. Zu Beginn des 20. Jahrhunderts war die Beschreibung von materiellen Teilchen wie Molekülen, Atomen oder Elektronen durch idealisierte Massenpunkte genauso fest etabliert wie das Wellenbild der elektromagnetischen Strahlung. 1924 postulierte der französische Physiker Louis-Victor de Broglie (1892–1987) jedoch in seiner Doktorarbeit *Recherches sur la théorie des Quanta*, dass auch Materieteilchen Welleneigenschaften zeigen müssen. Demnach hat auch jedes Elektron eine von seinem Impuls abhängige Wellenlänge, die man heute „De-Broglie-Wellenlänge" nennt. 1927 wurde dies von Clinton Davisson (1881–1958) und Lester Germer (1896–1971) in dem berühmten „Davisson-Germer-Experiment" eindrucksvoll bestätigt. Dabei trafen Elektronen auf einen Kristall und wurden dort wie klassische Wellen gebeugt – wie Röntgenstrahlung von ähnlicher Wellenlänge an einem Spaltgitter (Abb. 3.5). Später wurde auch Thomas Youngs Doppelspaltversuch erfolgreich mit Elektronen durchgeführt.

Offenkundig können sich also Elektronen (und alle anderen Materieteilchen auch) wie Lichtwellen je nach ihrer Phasenverschiebung gegenseitig auslöschen oder verstärken. Nur so lassen sich die beobachteten charakteristischen Beugungs- oder Interferenzmuster erklären. Nach den Erfahrungen mit Photo- und Compton-Effekt gibt es nur eine mögliche Erklärung für dieses Phänomen: Elektronen besitzen neben ihrer Teilchennatur auch eine Wellennatur.

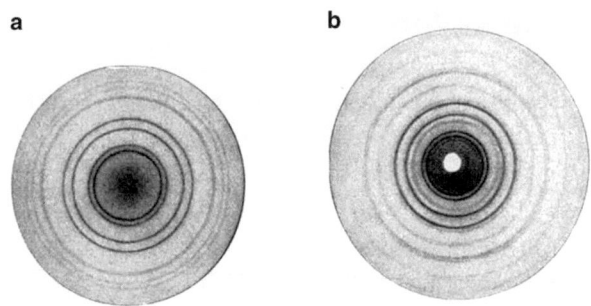

Abb. 3.5 Beugung an Silber: *links* ein durch Elektronen erzeugtes Beugungsspektrum, *rechts* ein durch Röntgenstrahlen hervorgerufenes. Mit freundlicher Genehmigung von Springer Science+Business Media aus Finkelnburg (1976)

Die erwähnte De-Broglie-Wellenlänge eines Materieteilchens mit dem Impuls p ist sehr einfach definiert:

$$\lambda = h/p = h/(mv) \tag{3.8}$$

Wir beschleunigen jetzt (in Gedanken) Elektronen mit einer elektrischen Spannung U und setzen die dabei gewonnene elektrische Energie mit der kinetischen Energie der Elektronen gleich:

$$eU = \frac{m}{2}v^2 \tag{3.9}$$

Aus den beiden Gleichungen erhält man für $U = 10\,\text{kV}$ eine Wellenlänge $\lambda_e = 12 \cdot 10^{-12}\,\text{m} = 12\,\text{pm}$. Das entspricht der Wellenlänge harter Röntgenstrahlung. Wegen ihrer größeren Masse haben Neutronen oder ganze Atome noch viel kleinere Wellenlängen, das Neutron z. B. $1{,}3 \cdot 10^{-15}\,\text{m} = 1{,}3\,\text{fm}$, weswegen ihre Wellennatur ungleich schwerer zu beobachten ist. Dennoch ist die Neutronenstreuung mittlerweile ein etabliertes Forschungsgebiet, und Doppelspaltversuche gelingen sogar mit großen Molekülen.

Es ist also bewiesen, dass der Welle-Teilchen-Dualismus sowohl für materielle Teilchen als auch für Strahlung eine unwiderlegbare Naturerscheinung ist. Je nach Versuchsaufbau steht jeweils der eine oder der andere Aspekt im Vordergrund, der Teilchen- oder der Wellencharakter.

Das Tor zur Quantentheorie ist jetzt weit aufgestoßen. Es führt in die Welt des (nach heutigem Stand) Allerkleinsten und damit näher zu unseren Teilchenbeschleunigern.

Stichworte zum Weiterlesen
- De-Broglie-Wellenlänge,
- Doppelspaltversuche mit Neutronen,
- Photoeffekt: praktische Anwendungen.

4
Atommodelle: die Hülle

Das Kapitel verfolgt die Entwicklung der Atommodelle von ihren frühen Ansätzen bis zum Bohr'schen Atommodell, das die Theorieansätze Plancks (Quanten) und Einsteins aufnimmt. Besonderes Augenmerk werden wir dabei auf die Spektroskopie und die Einführung der Quantenzahlen legen. Danach dringen wir in die Welt der subatomaren Strukturen vor, werden uns mit dem Phänomen der Radioaktivität auseinandersetzen, von den Neutrinos hören und damit erste Bezüge zur Teilchenphysik finden.

Frühe Atommodelle

Die Vorstellung vom Atom als einem unvorstellbar winzigen, nicht mehr weiter unterteilbaren Kügelchen stammt aus dem Altertum. Der griechische Philosoph Leukipp im 5. Jahrhundert v. Chr. und vor allem Demokrit (ca. 460–370 v. Chr.) hatten die Existenz unteilbarer kleinster Materiebausteine postuliert und dafür den Namen „Atom" gewählt (griech. ατομος = unteilbar).

Während das Mittelalter von der Idee der Alchemisten bestimmt wurde, die die Welt aus den vier ebenfalls aus der Antike überlieferten Elementen Erde, Feuer, Wasser und Luft zusammensetzten, wurde auch immer wieder die Erinnerung an die Atome geweckt – beispielsweise in *The Sceptical Chymist or Chymico-physical Doubts & Paradoxes* von 1661, wo Robert Boyle Resultate seiner chemischen (oder besser: alchemistischen) Versuche schildert, die ihm paradox erschienen und auf die Existenz chemischer Elemente hinwiesen. Bis ins 19. Jahrhundert blieb dies aber im Wesentlichen Spekulation. Doch chemische Experimente und die Entdeckung von Radioaktivität, Elektronenemission und Spektrallinien führten zu zwei Einsichten: Atome gibt es wirklich – aber sie sind viel komplizierter, als es sich die antiken Philosophen träumen ließen! Heute weiß man, dass die Unteilbarkeit der Atome nur für chemische Umwandlungen gilt, während die Atome aus der Sicht der Kernphysik eine Struktur haben und sich beispielsweise auch spalten lassen.

Das erste moderne Atommodell wurde von J. J. Thomson entwickelt und später von Ernest Rutherford (1871–1937) wesentlich verbessert. Schließlich kombinierte Niels Bohr (1885–1962) diese Ideen mit der Planck'schen Quantentheorie und den Ergebnissen der Spektralanalyse zu einem ersten Quantenmodell des Atoms, das radikal vom Denken in den vertrauten klassischen Kategorien der Physik abwich und auch heute noch eine der Grundlagen unseres Weltbilds darstellt. Wir wollen uns zunächst die Atommodelle von Thomson, Rutherford und Bohr ansehen.

J. J. Thomsons „Plumpudding"-Modell
Im Jahre 1903 entwickelte J. J. Thomson, der 1897 das Elektron entdeckt hatte, eines der ersten Modelle vom Aufbau eines Atoms. Demnach sind Masse und positive

elektrische Ladung innerhalb eines Atoms gleichmäßig verteilt. Die negativ geladenen, sehr leichten Elektronen sitzen an diskreten Punkten im Atom wie die Rosinen im Teig eines englischen Plumpuddings. Im Grundzustand sind die Elektronen so platziert, dass ihre potenzielle Energie minimal wird. Ein höherer Energiezustand der Elektronen bedeutet, dass sie innerhalb des Atoms in Schwingungen versetzt werden.

Ernest Rutherford
Einen entscheidenden Fortschritt brachten Versuche, die von Ernest Rutherford und anderen ab 1909 in Manchester durchgeführt wurden. Dabei wurden dünne Goldfolien mit sogenannten α-Teilchen beschossen, das sind Heliumkerne, die, wie wir heute wissen, aus zwei Protonen und zwei Neutronen bestehen und Teil der natürlichen Radioaktivität sind. Die α-Teilchen durchdrangen zum großen Teil die Folien ungestört, nur einige wenige (etwa eines von 100.000) wurden, zum Teil sehr stark, abgelenkt. Rutherford schloss daraus ganz richtig, dass Atome im Gegensatz zum Plumpuddingmodell zum größten Teil aus leerem Raum bestehen. Ihre Massenbestandteile, die für die Ablenkung der α-Teilchen verantwortlich sind, mussten in einem sehr kleinen Volumen im Zentrum konzentriert sein. Dort wäre dann auch das Zentrum der positiven Ladung des Atoms, von der die positiv geladenen α-Teilchen abgestoßen werden. Der Radius dieses Atomkerns ließ sich aus den Streuversuchen zu etwa 1-10 fm ableiten, wohingegen der Atomradius bei etwa 100 pm liegt, also zehntausend- bis hunderttausendfach größer ist. Gold, das Rutherford bei seinen Experimenten einsetzte, hat nach neuen Messun-

gen einen Kernradius von 6,5 fm und einen Atomradius, der mit 135 pm ca. 20.000 Mal größer ist. Wenn wir uns anstelle des Atomkerns einen Kernphysiker vorstellen, umkreisen ihn seine goldenen Assistenten, die die Elektronen verkörpern, in ca. 40 km Entfernung.

> Längenmessung: Die Längeneinheit ist Meter. Für die winzigen Distanzen im Bereich der Atome und Kerne haben sich einige Vorsilben eingebürgert: 10^{-6} m $= 1\mu$ (Mikrometer), $10^{-12} = 1$ pm (Picometer), 10^{-15} m $= 1$ fm (Femtometer).

Das Rutherford-Modell geht also davon aus, dass es einen Atomkern gibt, den Elektronen in einem gewissen Abstand umgeben. Da Atome in der Regel nach außen elektrisch neutral sind, muss die Zahl der den Kern umgebenden Elektronen der Zahl der im Kern enthaltenen positiven Elementarladungen entsprechen, die als „Kernladungszahl" bezeichnet wird. Diese Zahl ist wiederum identisch mit der sogenannten Ordnungszahl im Periodensystem der Elemente. Wie dies im Einzelnen vor sich geht, ließ sich aus den Streuversuchen nicht ableiten, weil die Elektronen viel zu leicht sind, um den Flug der α-Teilchen zu beeinflussen. Es lag nahe, sich eine Art Mini-Planetensystem vorzustellen, bei welchem die elektrische Anziehung zwischen Kern und Elektron die gleiche Rolle spielt, wie die Gravitation bei Sonne und Erde (oder Erde und Mond). Diese einfache Erklärung hat aber einen Haken: Ein um den Kern kreisendes Elektron entspricht im Prinzip einem schwingenden elektrischen Dipol, was nach den Gesetzen der Elektrodynamik bedeutet, dass es laufend elektromagnetische Wellen abstrahlt, dabei Bewegungsenergie verliert und in kürzester Zeit in den Kern stürzt – ganz im Gegensatz zu der Erfahrungstatsache, dass ein Atom ohne äußere Einwirkung auf ewig stabil bleibt.

Spektren

Eine wichtige experimentelle Wegbereiterin des modernen Atommodells war die Spektralanalyse. Spektren sind nach Wellenlänge oder Frequenz aufgespaltene elektromagnetische Wellen – ein natürliches Beispiel ist der Regenbogen, in dem das weiße Sonnenlicht in seine Farben, also seine Frequenzen aufgespalten ist. Ein Beispiel aus dem Labor ist das Lichtspektrum, das entsteht, wenn weißes Licht durch ein Prisma fällt.

Man unterscheidet grundsätzlich zwischen Emissions- und Absorptionsspektren. Der sichtbare Unterschied besteht darin, dass bei einem Emissionsspektrum bei bestimmten Frequenzen helle Linien vor einem dunklen Hintergrund zu sehen sind, während bei einem Absorptionsspektrum in einem kontinuierlichen Hintergrund einzelne Linien fehlen, also eine dunkle Spur hinterlassen. Ein Emissionsspektrum entsteht, wenn die zu untersuchende Substanz selbst leuchtet (etwa die angeregten Atome in einer Natriumdampflampe). Ein Absorptionsspektrum erhält man dagegen, wenn eine Lichtquelle mit kontinuierlichem Spektrum durch eine Probe strahlt, deren Atome bestimmte, charakteristische Frequenzen absorbieren, die dann im beobachteten Spektrum fehlen. Das klassische Beispiel hierfür ist die Temperaturstrahlung

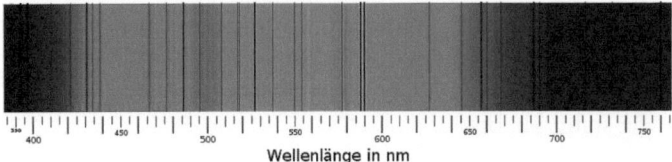

Abb. 4.1 Absorptionsspektrum. Atomlinienserie infolge der Absorption durch Natrium. © MaureenV, Wikimedia Commons, in the public domain

der Sonnenoberfläche, die von Atomen in der Sonnenatmosphäre selektiv absorbiert wird: Das Resultat sind die berühmten dunkeln Linien im Sonnenspektrum, die Joseph von Fraunhofer (1787–1826) schon 1814 entdeckt hat (s. als Beispiel Abb. 4.1).

Die Spektralanalyse wird seit etwa 1860 zur Klassifizierung und Untersuchung chemischer Substanzen betrieben, auch von Wasserstoff (Abb. 4.2, 4.3), dem Element mit den einfachsten Atomen. Es war schon lange vor Bohr bekannt, dass die Spektren gewisse Regelmäßigkeiten auf-

Abb. 4.2 Schematisches Spektrum des Wasserstoffs im sichtbaren Bereich. Die Linien werden mit „H", dem Symbol des Elements Wasserstoff (Hydrogenium), und kleinen griechischen Buchstaben $\alpha, \beta, \gamma \ldots$ bezeichnet. Die Spektrallinie mit der kleinsten Frequenz (größten Wellenlänge) befindet sich *links* (H-α mit 656 nm im roten Bereich, ab H-η liegen die Linien im UV-Bereich). Aus Osterhage (2012)

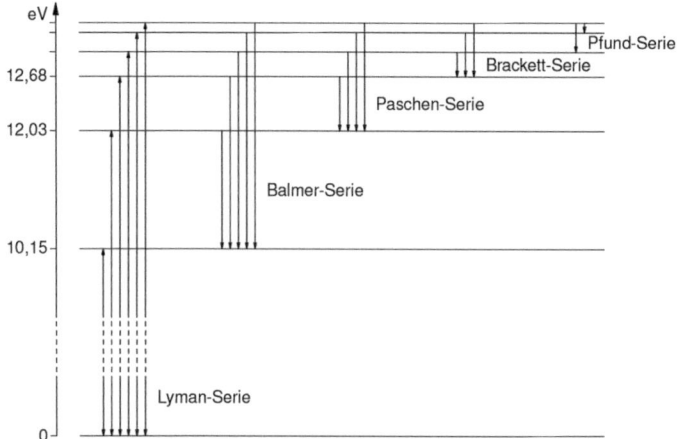

Abb. 4.3 Energieniveaus des Wasserstoffs. Dargestellt sind die H-Serien (ohne die Humphrey-Serie) mit ihren möglichen Übergängen; *links* (nicht maßstabsgerecht) die Energieskala in eV. Aus Osterhage (2012)

weisen. 1885 fand Johann Jakob Balmer (1825–1898) eine empirische Formel, mit der sich die Wellenlängen der später Balmer-Serie genannten Spektrallinien des Wasserstoffs berechnen lassen, wobei A eine Konstante darstellt und $n = 1, 2, 3 \ldots$ ist:

$$\lambda = An^2/(n^2 - 4) \qquad (4.1)$$

Einen allgemeineren Ausdruck für alle Wasserstoff-Spektrallinien (Abb. 4.3) fand 1888, also drei Jahre später, der amerikanische Physiker Johannes Rydberg (1854–1919), wobei er aus historischen Gründen mit der „Wellenzahl" $\overline{v} = 1/\lambda$, dem Kehrwert der Wellenlänge λ, rechnete. Rydberg kam zu folgendem Ergebnis:

$$\overline{v} = R/m^2 - R/n^2 \text{ mit } m < n \qquad (4.2)$$

Die Laufzahlen m und n werden sich später beim Bohr'schen Atommodell als Quantenzahlen und Bahnparameter entpuppen. Dabei ist dann m die Quantenzahl des unteren Energieniveaus, n die eines oberen, von dem das Elektron herabfällt und dabei Strahlung aussendet.

Die genannte Balmer-Serie des Wasserstoffs kann man dann mit $m = 2$ folgendermaßen ausdrücken:

$$\overline{v} = R/2^2 - R/n^2 \text{ mit } n = 3, 4, 5\ldots \qquad (4.3)$$

R ist schließlich die Rydberg-Konstante, die experimentell bestimmt wurde und (nach den Ergebnissen der CODATA-Task Group von 2014) $10.937.732\,\text{m}^{-1}$ beträgt. Aus der Rydberg-Konstante kann man auch die Grenzenergie berechnen, bei der es für ein Elektron kein Halten mehr gibt, also die schon genannte Ionisierungsenergie. Man erhält:

$$E_i = Rhc = 13{,}6\,\text{eV} \qquad (4.4)$$

Nach heutigem Wissen ist dies allerdings nur eine Näherungsformel, die viele wichtige Details im Spektrum nicht berücksichtigt. Die genaue Erklärung solcher Serien ist recht kompliziert und kann an dieser Stelle nicht vertieft werden.

Niels Bohr

Nach Thomson und Rutherford war man wieder einmal an einem Punkt angelangt, an dem die klassische Physik in der Sackgasse steckte. Niels Bohr fand den Ausweg: die Quantenphysik. Bereits 1913 hatte er aus dem Rutherford-Modell ein Quanten-Modell gemacht, wobei er auf zwei Ideen zurückgriff. Die erste Inspiration entstammte den mittlerweile zahlreichen Analysen von Emissions- und Absorptionsspektren von Atomen und Molekülen, die wir gerade diskutiert haben, die aber noch der Erklärung bedurften. Die zweite war die schon diskutierte Quantenhypothese von Max Planck, wonach die Energie der elektromagnetischen Strahlung nur in diskreten Quantenpaketen auftritt. Einsteins Erklärung des Photoeffekts von 1905 war Bohr natürlich auch bekannt.

Das Bohr'sche Atommodell stellt die Grundlage für alle späteren Atommodelle der Quantenmechanik dar, insbesondere für die von Schrödinger und Heisenberg, sowie für die Korrekturen aufgrund der Quantenelektrodynamik.

Um das instabile „Planetensystem Atom" Rutherfords durch eine Quantisierung stabil zu machen, stellte Bohr drei Postulate auf:

Erstes Bohr'sches Postulat: Quantisierungsbedingung
Die Quantisierungsbedingung besagt, dass sich ein Elektron im Atom nur auf einer gewissen Anzahl von diskreten, „erlaubten" Bahnen bewegen kann. Bohr gab für sie ein recht einfaches Kriterium an: Es muss

$$2\pi r m_e v = nh \quad \text{mit} \quad n = 1, 2, 3 \ldots . \quad (4.5)$$

gelten, wobei m_e und v Masse und Geschwindigkeit des Elektrons sind, r sein Bahnradius und h das Planck'sche Wirkungsquantum. Beide Seiten der Gleichung haben die Dimension einer Wirkung (Energie × Zeit oder Impuls × Weg, Einheit Js). Dies heißt bei einer idealen Kreisbahn: Der klassische Drehimpuls des Elektrons muss ein ganzzahliges Vielfaches des Planck'schen Wirkungsquantums sein.

Der Atomaufbau sieht danach beim Wasserstoffatom, dem einfachsten Atom, so aus (Abb. 4.4): Der Kern besteht aus nur einem Proton, das von einem einzigen Elektron umkreist wird. Der Kern hat eine positive Ladung, die durch die eine negative Ladung des Elektrons kompensiert wird, sodass das Atom insgesamt neutral ist.

Geht man im Periodensystem weiter, folgt auf den Wasserstoff zunächst Helium mit zwei Elektronen auf einer Schale und dann Lithium mit der Ordnungszahl 3: Es hat drei Elektronen, die auf zwei Schalen den Kern umkreisen (Abb. 4.5).

Zweites Bohr'sches Postulat: Quantensprung

Das Elektron kann zwischen den verschiedenen erlaubten Bahnen wechseln. Dieser Wechsel erfolgt augenblicklich, was durch den Begriff „Quantensprung" ganz richtig beschrieben wird. Die Energiedifferenz ΔE zwischen den beiden Bahnen oder Zuständen wird bei einem „Sprung nach unten" als Strahlungsquant mit der Energie $E_{\text{oben}} - E_{\text{unten}} = \Delta E = hf$ emittiert oder bei einem „Sprung nach oben", der von einer externen Energiequelle, etwa einem Strahlungsfeld verursacht wird, absorbiert. Hier treffen wir also wieder auf unsere Energiedifferenz aus den beiden Energieniveaus,

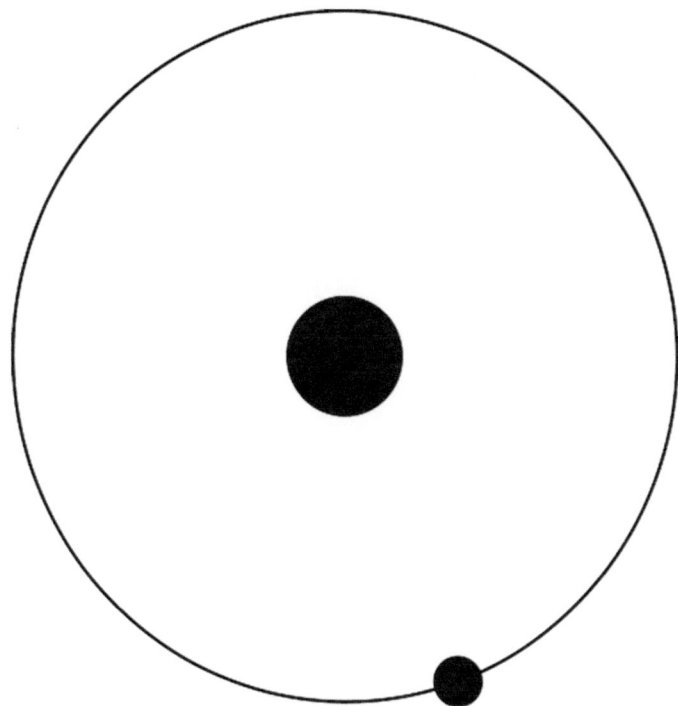

Abb. 4.4 Wasserstoffatom. Im Zentrum befindet sich als Kern ein Proton, die Hülle bildet ein Elektron. Aus Osterhage (2012)

die in der Rydbergformel mit n und m für das obere und untere Energieniveau auftreten.

Was bedeutet das? Die wichtigste Konsequenz ist, dass es eine „unterste" oder energieärmste Elektronenbahn gibt, in der sich ein Elektron ohne Energiezufuhr von außen bis in alle Ewigkeit aufhalten kann. Jede der übrigen Bahnen entspricht einem diskreten Energieniveau. Das Elektron kann

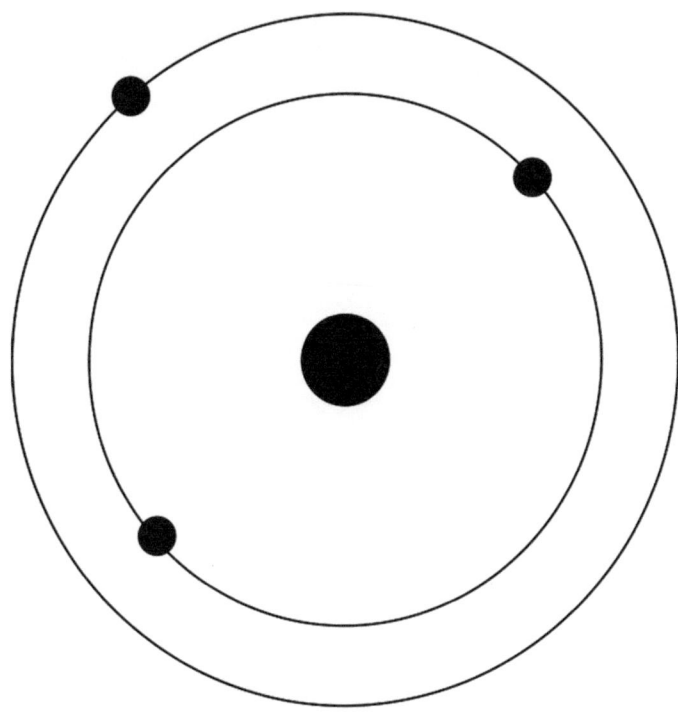

Abb. 4.5 Lithiumatom. Der Kern des Atoms besteht aus drei Protonen und je nach Isotop drei bis neun Neutronen. Um ihn kreisen drei Elektronen auf zwei Schalen. Aus Osterhage (2012)

solch ein angeregtes Energieniveau einnehmen, wenn die Frequenz oder Energie eines eingefangenen Planck'schen Strahlungsquants gerade die richtige Größe hat. Sofern nichts anderes passiert, „fällt" das Elektron nach einer extrem kurzen Zeit (ca. 10^{-8} s) wieder auf die energetisch niedrigere Bahn zurück. Dabei wird Energie frei, die als

Strahlungsquant emittiert wird. Hat man eine Probe eines einheitlichen Materials, strahlen alle Elektronen in allen Atomen die gleichen Frequenzen ab, und man erhält auf diese Weise die in Experimenten beobachteten und für jede Atom- und Molekülsorte charakteristischen Spektrallinien – wie wir es oben am Beispiel des Wasserstoffs gesehen haben.

Es ist offensichtlich, dass eine immer höher getriebene Anregung der Elektronen bei der Grenzenergie schließlich zu deren völliger Abtrennung vom Atom führen muss, das damit zu einem Ion wird: Diese Grenzenergie ist gleich der Ionisierungsenergie des Atoms.

Drittes Bohr'sches Postulat: Korrespondenzprinzip
Das Korrespondenzprinzip, das wir hier nicht weiter diskutieren können, besagt, dass für große Quantenzahlen ($n \to \infty$) die Frequenzbedingung in $\omega = v/2r$ übergeht, dass also die klassische Physik ($h \to 0$) ein Grenzfall der Quantenmechanik ist.

Quantenzahlen

Vielleicht war es gerade die Übersichtlichkeit der Rydberg-Formel, die Bohr half, in den Zahlen m und n den ersten experimentellen Beleg für die Quantenzahlen des Wasserstoffatoms zu sehen.

Sehen wir uns jetzt an, wie sich Rydbergs „Abzählnummern" und die Quantenzahl n aus Bohrs erstem Postulat zusammenbringen lassen, und wie die rein empirische Rydberg-Formel nun mit dem Bohr'schen Atommodell einen tieferen Sinn bekommt. Dieses lautete ja

$$2\pi r m_e v = nh \quad \text{mit} \quad n = 1, 2, 3\ldots \quad (4.6)$$

Wenn wir als Zentripetalkraft der Kreisbewegung die Coulomb-Anziehung von Kern und Elektron ansetzen, erhalten wir mit der Elementarladung e nach einigen Umformungen und dem Einsetzen von Gl. 4.6 den Bohr-Radius der n-ten Elektronenbahn als

$$r_n = h^2 n^2 / (4\pi^2 m_e e^2) \quad (4.7)$$

Die natürliche Zahl n ist die Haupt- oder Energiequantenzahl des Atoms. Der niedrigste Energiezustand bzw. die engste Elektronenbahn ($n = 1$) hat einen Radius von

$$r = h^2 / (4\pi^2 m e^2) = 5{,}3 \cdot 10^{-11} \text{ m} \quad (4.8)$$

Diese Größe nennt man auch den Bohr'schen Radius des Wasserstoffatoms, er entspricht ungefähr dem oben genannten Wert von 100 pm. Aus der Gleichung folgt unter anderem, dass der Drehimpuls $mr^2\omega$ ein ganzzahliges Vielfaches von $\hbar = h/(2\pi)$ sein muss, was in krassem Widerspruch zur Mechanik steht, wo der Drehimpuls eine kontinuierliche Größe darstellt, weswegen beispielsweise die Planeten um die Sonne oder der Mond um die Erde theoretisch auf allen möglichen und nicht nur auf ganz bestimmten, ausgezeichneten Bahnen kreisen können.

Wollen wir das Energieniveau einer Quantenbahn berechnen, so betrachten wir zunächst die gesamte, d. h. die potenzielle und die kinetische Energie eines gequantelten Zustands:

$$E_n = (1/2)I_n\omega_n^2 - e^2/r_n \qquad (4.9)$$

Dabei ist $I_n = mr_n^2$ das Trägheitsmoment des Atoms im Zustand n. Mit den Lösungen für r_n und ω_n erhält man dann:

$$E_n = -2\pi^2 m_e e^4/h^2 n^2 \quad \text{mit} \quad n = 1, 2, 3, \ldots \qquad (4.10)$$

Die Energie auf der innersten Bahn mit dem kleinsten Radius, d. h. für $n = 1$, hat also die dem Betrag nach größte negative Energie. Die Bindung ist dort am stärksten. Mit zunehmendem n und damit wachsendem Abstand nähert sich die Energie immer mehr Null an. Die Bindungsenergie nimmt also ab, je höher die Bahn liegt, denn es muss ja Energie aufgebracht werden, um ein Elektron auf dieses Niveau zu heben. Zur Ablösung des Elektrons muss die positive Ablösungs- oder Grenzenergie aufgebracht werden.

Von einer Hauptquantenzahl zu sprechen, legt nahe, dass es auch noch andere Quantenzahlen zur Beschreibung eines Atoms gibt. So ist es auch: Die Quantenzahl des Bahndrehimpulses l, der die Form der Bahn angibt und $< n$ sein muss, und die magnetische Quantenzahl m, das Maß für die Neigung des Drehimpulsvektors (auch: Richtungsquantelung), berücksichtigen, dass bei gleichem (Haupt-)Energieniveau die Elektronenbahn unterschiedliche Formen haben kann. Diese Formen werden manchmal mit s ("sharp"), p („principle"), d („diffuse") und f („fundamental") bezeichnet. Die Zahl n gibt dann die (Haupt-)

Schale des Elektronenzustands an, während l und m die Unter- oder Nebenschalen bezeichnen. Der Betrag von m ist $\leq l$. Dabei gilt: Je größer n ist, desto mehr Nebenschalen gibt es.

Außer dem Drehimpuls der Bahn des Elektrons muss aber noch der Drehimpuls des Teilchens selbst, sein Spin, berücksichtigt werden. Der Spin wird aber nicht wie in der klassischen Mechanik durch die Drehung einer Masse hervorgerufen, es ist ein *quanten*mechanischer Effekt, den man mit einem Modell nur unzulänglich verbildlichen kann. Ein solches Modell wäre unser Planetensystem: Die Erde kreist um die Sonne – der Bahndrehimpuls –, dreht sich aber auch noch um sich selbst – der Spin. Der Spin eines Teilchens ist ein Vektor, dessen Betrag beim Elektron $1/2 \hbar$ beträgt und der zwei Richtungen haben kann: Seine z-Komponente kann $+1/2 \hbar$ („up") oder $-1/2 \hbar$ („down") betragen. Dem Spin wird eine Quantenzahl s zugeordnet, für das Elektron gilt $s = 1/2$.

Pauli-Prinzip

Die Frage ist nun, wie sich bei diesem schönen Modell die Elektronen auf Bahnen oder Schalen verteilen, also wieviel Platz auf ihnen ist. Der deutsche Physiker Wolfgang Pauli (1900–1958) hat dazu ein Prinzip benannt, das Pauli-Prinzip. Es besagt, dass die „Plätze" auf den Schalen der Elektronenhülle nicht beliebig angefüllt werden können, sondern vielmehr die Quantenzahlen, die wir kennengelernt haben, eine Rolle spielen.

> Pauli-Prinzip: Die Natur kennt in Atomen und Molekülen nur solche Elektronenanordnungen, in denen sich alle Elektronen in mindestens einer der vier Quantenzahlen n, l, m und s unterscheiden.

Das Pauli-Prinzip sorgt dafür, dass auf jeder durch n, l, m und s gekennzeichneten möglichen Position im Atom nur maximal ein Elektron sitzen kann – sollte das Atom ein weiteres Elektronen aufnehmen, muss sich dieses eine andere Position suchen, gibt es keine, wird es abgestoßen. Es ist bemerkenswert, dass das Pauli-Prinzip auch für weitere Teilchen gilt, die im Rahmen der Elementarteilchenphysik noch eingeführt und mit weiteren Quantenzahlen versehen wurden. Man teilt sogar die gesamte Welt der Elementarteilchen in zwei Gruppen auf: diejenige, für die das Pauli-Prinzip gilt, und diejenige, für die das nicht so ist. Zur ersteren Gruppe zählt das Elektron, zur letzteren Gruppe z. B. das Photon.

Das Pauli-Prinzip zeigt seine Wirkung auch in extrem kompakten Sternen, den sogenannte Neutronensternen. Die Pauli-Abstoßung verhindert dort, dass der Stern unter dem Gravitationsdruck zum Schwarzen Loch implodiert.

Stichworte zum Weiterlesen
- Zum Pauli-Prinzip: Neutronensterne,
- Abstrakte Quantenmechanik und bildliche Vorstellungen von Bahndrehimpuls und Spin.

5
Atommodelle: der Kern

Während sich das vorausgegangene Kapitel mit der Atomhülle beschäftigt hat, geht es nun um den Atomkern und seine Bausteine. War es bei der Hülle die elektromagnetische Kraft, die die Elektronen an den Kern bindet, ist es nun die starke Kraft, die den Kern zusammenhält. Wie die Spektren reichlich Erkenntnisse zur Struktur der Atomhülle brachten, ist es nun die Radioaktivität, die einen tiefen Einblick in die Struktur des Atomkerns erlaubt.

Das Periodensystem der Elemente

Die meisten denken beim Periodensystem der Elemente zunächst an Chemie und Atomphysik. Doch da der Atomkern mitbestimmt, mit welchem Element man es zu tun hat, eignet sich das Periodensystem auch als Ausgangspunkt für die Untersuchungen der Kernphysik.

Die Systematik der chemischen Elemente wurde zunächst rein experimentell anhand chemischer Eigenschaften entwickelt. Erklären lässt sie sich mit den Haupt- und Nebenschalen des quantenphysikalischen Atommodells in Verbindung mit dem erwähnten Pauli-Prinzip, wonach jeder Zustand höchstens einmal besetzt werden darf. Die

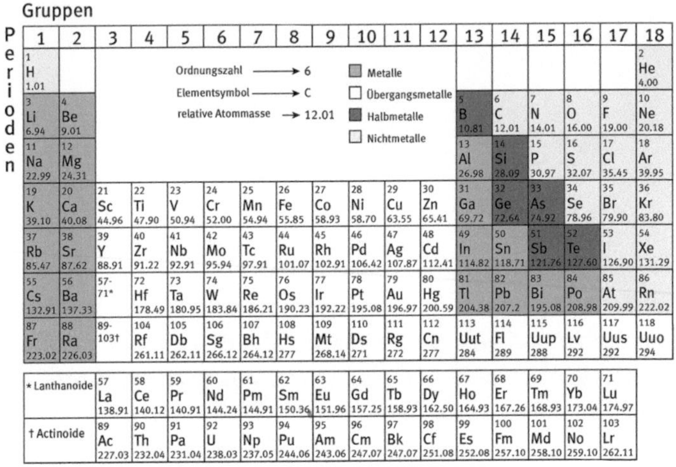
Gruppen
1 2 3 4 5 6 7 8 9 10 11 12 13 14 15 16 17 18
Perioden
Ordnungszahl → 6
Elementsymbol → C
relative Atommasse → 12.01
Metalle
Übergangsmetalle
Halbmetalle
Nichtmetalle
1 H 1.01
2 He 4.00
3 Li 6.94
4 Be 9.01
5 B 10.81
6 C 12.01
7 N 14.01
8 O 16.00
9 F 19.00
10 Ne 20.18
11 Na 22.99
12 Mg 24.31
13 Al 26.98
14 Si 28.09
15 P 30.97
16 S 32.07
17 Cl 35.45
18 Ar 39.95
19 K 39.10
20 Ca 40.08
21 Sc 44.96
22 Ti 47.90
23 V 50.94
24 Cr 52.00
25 Mn 54.94
26 Fe 55.85
27 Co 58.93
28 Ni 58.70
29 Cu 63.55
30 Zn 65.41
31 Ga 69.72
32 Ge 72.64
33 As 74.92
34 Se 78.96
35 Br 79.90
36 Kr 83.80
37 Rb 85.47
38 Sr 87.62
39 Y 88.91
40 Zr 91.22
41 Nb 92.91
42 Mo 95.94
43 Tc 97.91
44 Ru 101.07
45 Rh 102.91
46 Pd 106.42
47 Ag 107.87
48 Cd 112.41
49 In 114.82
50 Sn 118.71
51 Sb 121.76
52 Te 127.60
53 I 126.90
54 Xe 131.29
55 Cs 132.91
56 Ba 137.33
57-71*
72 Hf 178.49
73 Ta 180.95
74 W 183.84
75 Re 186.21
76 Os 190.23
77 Ir 192.22
78 Pt 195.08
79 Au 196.97
80 Hg 200.59
81 Tl 204.38
82 Pb 207.2
83 Bi 195.08
84 Po 208.98
85 At 209.99
86 Rn 222.02
87 Fr 223.02
88 Ra 226.03
89-103†
104 Rf 261.11
105 Db 262.11
106 Sg 266.12
107 Bh 264.12
108 Hs 277
109 Mt 268.14
110 Ds 271
111 Rg 272
112 Cn 277
113 Uut 284
114 Fl 289
115 Uup 288
116 Lv 292
117 Uus 292
118 Uuo 294
* Lanthanoide
57 La 138.91
58 Ce 140.12
59 Pr 140.91
60 Nd 144.24
61 Pm 144.91
62 Sm 150.36
63 Eu 151.96
64 Gd 157.25
65 Tb 158.93
66 Dy 162.50
67 Ho 164.93
68 Er 167.26
69 Tm 168.93
70 Yb 173.04
71 Lu 174.97
† Actinoide
89 Ac 227.03
90 Th 232.04
91 Pa 231.04
92 U 238.03
93 Np 237.05
94 Pu 244.06
95 Am 243.06
96 Cm 247.07
97 Bk 247.07
98 Cf 251.08
99 Es 252.08
100 Fm 257.10
101 Md 258.10
102 No 259.10
103 Lr 262.11

Abb. 5.1 Periodensystem der Elemente

Schalenstruktur der Elektronenhülle wird dabei quasi auf das Periodensystem abgebildet. Die Zahl der Elektronen und die gleich große Kernladungszahl entsprechen jeweils der Ordnungszahl eines Elements.

Zusätzlich wird auch noch eine Massenzahl (auch „Atomgewicht“ genannt) für jedes Element angegeben, die aber wie wir Abb. 5.1 entnehmen können, keine glatte ganze Zahl ist. Darin spiegelt sich einmal wider, dass der Atomkern aus zwei Arten von Teilchen besteht: den positiv geladenen Protonen und den elektrisch neutralen Neutronen. Die Neutronen weisen minimal mehr (0,14 %) Masse als die Protonen auf.

Lässt man diese kleine Abweichung außer Acht und setzt die Massenzahl von Proton und Neutron gleich 1, entspricht die Massenzahl der Anzahl der Kernbausteine

5 Atommodelle: der Kern

oder Nukleonen, wie man Protonen und Neutronen auch zusammenfassend bezeichnet. Die Zahl der Nukleonen (Protonen + Neutronen) wird meist an das Zeichen für das Element angehängt, beispielsweise ist C-12 das Kohlenstoffisotop mit 6 Protonen und 6 Neutronen, eine andere Schreibweise ist ^{12}C oder $^{12}_{6}C$ oder $_6C^{12}$. Außer der kleinen Gewichtsdifferenz von Neutron und Proton gibt es aber noch ein weiteres „gewichtigeres" Problem, das sich in den „krummen" Massenzahlen widerspiegelt: Es gibt in der Natur Atomkerne, die bei gleicher Protonenzahl (und Ordnungszahl) unterschiedlich viele Neutronen haben, die sogenannten „Isotope".

> Atome mit gleicher Kernladung, d. h. Protonenzahl, aber unterschiedlicher Neutronenzahl und damit auch unterschiedlicher Massenzahl nennt man Isotope.

Die Existenz von Isotopen gibt den zweiten Grund dafür ab, dass die im Periodensystem angezeigten Massenzahlen oder Atomgewichte „krumme" Werte haben: Der Kohlenstoff (C) hat beispielsweise die krumme Massenzahl 12,0107. Es wird immer ein mit der natürlichen Häufigkeit der Isotope gewichteter Durchschnittswert angegeben. Das gilt auch schon für Wasserstoff, dessen Massenzahl 1,008 beträgt: Das Wasserstoff-Isotop Deuterium besteht aus einem Proton und einem Neutron und kommt in der Natur zu 0,0145 % vor. Das weitere Isotop, Tritium, hat ein Proton und zwei Neutronen. Es ist sehr selten: Auf ca. 10^{18} Wasserstoffatome kommt nur ein Tritiumisotop, deshalb spielt es bei der Bemessung der Massenzahl keine Rolle.

Nukleonen und der Aufbau des Atomkerns

Das Periodensystem lehrt uns, dass der Atomkern durch die Angabe von zwei der drei folgenden Größen gekennzeichnet wird:

- der Ordnungszahl Z (Protonenzahl),
- der Anzahl N der Neutronen und
- der Massenzahl A (Anzahl der Nukleonen, also Neutronen plus Protonen, es gilt $A = N + Z$.

Ein Atomkern ist annähernd kugelförmig und hat, wie schon Rutherford feststellte, einen Durchmesser von ungefähr 1–10 fm: Nach neueren Messungen beträgt er für Wasserstoff ca. 3 fm, für Gold, wie erwähnt, 6,5 fm. In diesem kleinen Volumen ist fast die gesamte Masse des Atoms konzentriert. Die Elektronen tragen zur Gesamtmasse nur einen unwesentlichen Teil bei: Die Masse eines Elektrons beträgt nur 0,05 % der Masse eines Protons. Die daraus resultierende Dichte des Kernes beträgt 10^{14} g/cm^3. Anders ausgedrückt: In einem Spielwürfel aus Kernmaterie mit 1 cm Kantenlänge befinden sich rund 100 Millionen Tonnen Masse, das ist mehr als die Gesamtmasse aller deutschen PKWs.

Wie die Elektronen besitzen auch die Protonen und Neutronen einen Eigendrehimpuls (Spin), der $\hbar/2$ beträgt. Auch der Atomkern selbst besitzt, wie seine Nukleonen, einen Eigendrehimpuls:

$$|I| = \hbar \cdot \sqrt{I(I+1)} \qquad (5.1)$$

mit der Kerndrehimpuls- oder Kernspinquantenzahl I ($I = 0, 1/2, 1, 3/2\ldots$). $|I|$ ist die Vektorsumme aus den Bahndrehimpulsen und den Spins der den Kern bildenden Protonen und Neutronen. Da der Spin der Nukleonen halbzahlig ist, besitzen Kerne mit einer geraden Massenzahl einen ganzzahligen Kernspin (häufig = 0), und solche mit ungerader Massenzahl immer einen halbzahligen.

Außerdem haben die Kerne – ähnlich wie die Elektronenhülle – zusammen mit dem Gesamtdrehimpuls auch ein magnetisches Moment, das verschwindet wenn $I = 0$ ist. Dieses magnetische Moment wird bei der Kernspintomographie eingesetzt, einem bildgebenden Verfahren der Medizin.

Kernkraft und starke Wechselwirkung

Die positiven Protonenladungen im Kern kompensieren die negativen Ladungen der Elektronen, womit die elektrische Neutralität des Atoms gewährleistet ist. Was aber hält die positiv geladenen Protonen im Kern zusammen, die sich ja aufgrund ihrer Ladung stark abstoßen müssten? Die Gravitationskräfte zwischen Neutronen und Protonen sind im Vergleich zum Elektromagnetismus verschwindend klein. Es muss also eine weitaus stärkere Anziehungskraft im Kern geben, welche die elektrische Abstoßung überwindet. Sie wird als Kernkraft, starke Kraft oder starke Wechselwirkung bezeichnet und tritt in der Welt der Elementarteilchen nur bei höchsten Energien und auf sehr kleinen Abständen messbar in Erscheinung. Ihre große Stärke zeigt der Vergleich mit Elektromagnetismus, schwacher Wechselwirkung und Gravitation (Tab. 7.3). Näheres zur starken Wechselwirkung werden wir später diskutieren.

Radioaktivität

Anfang 1896 entdeckte Henri Becquerel (1852–1908) die Radioaktivität, als er feststellte, dass vor Licht geschütztes Fotopapier durch in der Nähe befindliche Uransalze geschwärzt wurde. Damit war klar, dass vom Uran irgendwelche Strahlen ausgehen mussten und somit nicht alle Atome stabil sind. Neben den natürlichen radioaktiven Strahlungsquellen (wir kennen drei Zerfallsreihen, sie gehen von U-235, U-238 und Th-232 aus und enden alle bei stabilen Blei-Isotopen) gibt es heute eine fast unüberschaubare Zahl von künstlichen Radionukliden, die teils absichtlich und teils als unerwünschtes Beiprodukt in Kernreaktoren oder bei Kernwaffenversuchen erzeugt wurden und werden. Die Wahrscheinlichkeit für den radioaktiven Zerfall eines instabilen Kerns ist eine charakteristische Konstante des Elements. Man gibt die Zerfallsrate meistens als Halbwertszeit an, die zwischen winzigen Sekundenbruchteilen und mehr als 10^{24} Jahren liegen kann.

> Die Halbwertszeit t_H ist diejenige Zeitspanne, nach der die Hälfte einer Ausgangssubstanz radioaktiv zerfallen ist. Sie ist eine Materialkonstante. Die Lebensdauer ist dagegen die Zeitspanne, nach der die Ausgangssubstanz auf $\frac{1}{e} = 0{,}368$ zerfallen ist.

Wie die Spektralanalyse eine unerschöpfliche Quelle für neue Erkenntnisse über den Aufbau der Atomhülle war, so war es die Radioaktivität für die Kerne. Nach Becquerel erkannte Ernest Rutherford, dass es bei radioaktiven Zerfällen zwei verschiedene Strahlungskomponenten gibt, die er 1899 α- und β-Strahlung nannte. Ihre Wirkung ist sehr verschieden:

- α-Strahlung wird bereits von einem Blatt Papier oder 10 cm Luft absorbiert,
- β-Strahlung durchdringt Luft, aber keine Metallplatten.

Zu Anfang des 20. Jahrhunderts wurde eine dritte Komponente identifiziert, die γ-Strahlung, die nur durch dicke Bleiklötze abgeschirmt werden kann. Wie man später erkannte, entsprechen der α- und β-Strahlung zwei Zerfallsarten des Kerns, der α- und der β-Zerfall. Abb. 5.2 zeigt einige typische Zerfallsreihen. Sowohl der α- wie der β-Zerfall wird meist von γ-Strahlung begleitet.

α-Zerfall

Beim α-Zerfall wird ein Helium-4-Kern, auch α-Teilchen genannt, ausgestoßen. α-Teilchen bestehen aus 2 Protonen und 2 Neutronen und sind folglich zweifach positiv geladen. Beim α-Zerfall eines Kerns erniedrigen sich daher dessen Massenzahl um 4 und die Protonen- und Neutronenzahl um je 2. Da sich die Protonenzahl und damit Z ändert, landet man bei einem anderen chemischen Element. Beispielsweise wird aus U-238 (Ordnungszahl 92) Th-234 (Ordnungszahl 90).

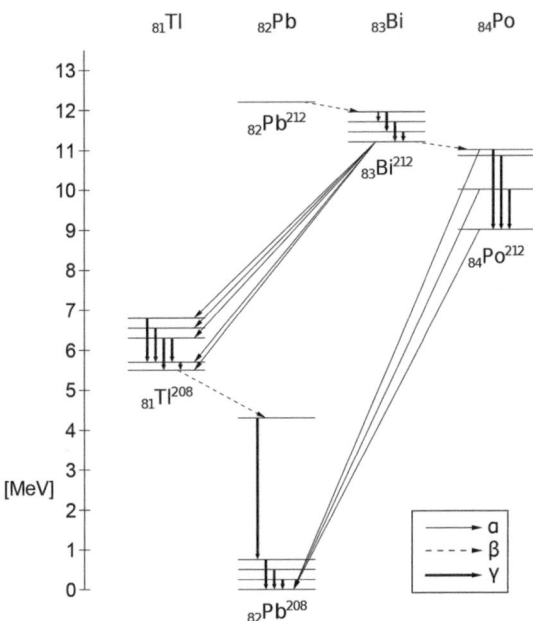

Abb. 5.2 Radioaktiver Zerfall. Dargestellt ist eine Serie typischer α-, β- und γ-Zerfallsübergänge, die von Pb-212 ausgehen, einem Zwischenprodukt der natürlichen Zerfallsreihe von Th-232. Zwischenstufen sind die instabilen Isotope Bi-212, Po-212 und Tl-208. Der stabile Endkern Pb-208 wird auf verschiedenen Wegen erreicht. Aus Osterhage (2012)

β-Zerfall

Beim β-Zerfall wird im Kern ein Neutron in ein Proton verwandelt und ein Elektron emittiert: „β-Teilchen" ist nur ein anderer Name für das Elektron. Die Ordnungszahl des betreffenden Elements erhöht sich um 1, womit sich wiederum die chemische Natur der strahlenden Substanz ändert. β-Strahlung ist elektrisch negativ.

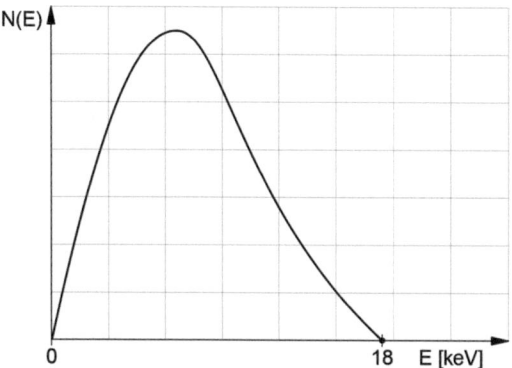

Abb. 5.3 Kontinuierliches Energiespektrum beim β-Zerfall: Anteil der Elektronen $N(E)$ in Abhängigkeit von ihrer Energie E. Die unterschiedlichen Energiewerte rühren daher, dass der Energieanteil des mit emittierten Neutrinos zufällig variiert. Aus Osterhage (2012)

Während α-Teilchen vom Kern immer mit diskreten Energien emittiert werden, haben β-Teilchen ein kontinuierliches Energiespektrum (Abb. 5.3). Das war zunächst rätselhaft. Wolfgang Pauli hatte dann 1930 eine Idee, die ein weiteres wichtiges Beispiel für die große Rolle der Radioaktivität bei der Aufklärung der Atomstruktur darstellt: Er nahm an, dass beim β-Zerfall mit der Umwandlung eines Neutrons in ein Proton neben dem Elektron immer noch ein zweites Teilchen entsteht. Das Teilchen, das später gefunden und Neutrino genannt wurde, wird uns noch beschäftigen.

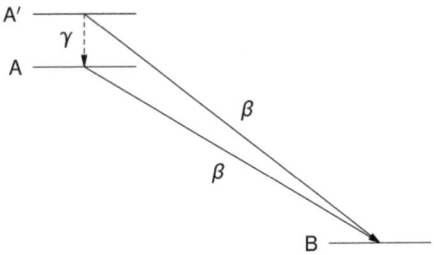

Abb. 5.4 Zerfall des angeregten Kernzustands A'. Dieser geht unter Emission eines γ-Quants in den Grundzustand von Element A über. Danach – oder direkt ohne vorherige γ-Emission – erfolgt der β-Zerfall unter Aussendung eines Elektrons („β-Teilchen"), und man erhält einen Kern des Elements B. Aus Osterhage (2012)

γ-Strahlung

Während man seinerzeit jenseits von allem Welle-Teilchen-Dualismus die α- und β-„Strahlung" als greifbare Teilchen vor Augen hatte, sah man in der γ-Strahlung die Wellenstruktur, also eine elektromagnetische Strahlung mit sehr hoher Energie bzw. Frequenz. Im Zusammenhang mit α- oder β-Zerfällen wird in der Regel auch γ-Strahlung ausgesendet. Dies geschieht, wenn ein Kern von einem hohen in einen niedrigeren Energiezustand übergeht, ohne dass sich Z, N oder A ändern (Abb. 5.4). Die γ-Strahlung hat viele Charakteristika, die denen des sichtbaren Lichts ähneln. Insbesondere liefert die γ-Spektroskopie von Kernen Informationen über die Lage der (Kern-)Energieniveaus – analog zu den Informationen der Atomspektren über die Energieniveaus der Atomhülle.

Antimaterie

Am Beginn unserer Überlegungen zur Atomstruktur stand die Quantisierung des Strahlungsfelds, wie sie Max Planck postuliert hat. Über den Photoeffekt und weitere wegweisende Experimente haben wir dann einen ersten Einblick in den Welle-Teilchen-Dualismus der Quantenmechanik gewonnen. Bevor wir in den nächsten Kapiteln einen formaleren Zugang zur Quantentheorie der Teilchen und Felder kennenlernen werden, wollen wir hier schon einmal einen „Vorgeschmack" auf die vollständige Quantenfeldtheorie geben. Diese hat nämlich eine erstaunliche Konsequenz: die Existenz von Antimaterie.

Die Entdeckung, dass es zu jedem „normalen" Teilchen ein Antiteilchen mit im Wesentlichen identischen Eigenschaften, aber entgegengesetzter elektrischer Ladung gibt, kam in der Entwicklung der Quantentheorie recht früh. Sie folgte aus den Versuchen, die quantentheoretischen Gleichungen in eine relativistisch korrekte Form zu bringen, weil jede Quantentheorie des Elektromagnetismus mit der Relativitätstheorie kompatibel sein muss. Diese Bemühungen gipfelten in der nach dem britischen Physiker Paul Dirac (1902–1984) benannten Dirac-Gleichung, die er 1928 in seiner Arbeit „The Quantum Mechanics of the Electron" formulierte. Diese Gleichung besitzt, sehr vereinfacht gesagt, immer zwei Lösungen – eine herkömmliche mit positiver Energie ($E = mc^2$) und eine zweite, die formal einer negativen Energie ($E = -mc^2$) entspricht.

Ettore Majorana (1906–1938) hatte die geniale Idee, diese zweite Lösung als ein Teilchen mit positiver Masse, aber entgegengesetzter elektrischer Ladung zu interpretieren, das sich rückwärts durch die Zeit bewegt: als Antiteilchen. Stellen Sie sich folgendes Bild vor, das (leicht verändert) aus João Magueijos Buch *A Brillant Darkness* entnommen ist: Ein „Eisenbahnzug" mit negativer Energie fährt mittags um 12 Uhr in Brüssel ab und kommt um 16 Uhr in Paris an. Wie äußert sich die Ankunft des „Antizugs" am Bahnsteig von Paris? Punkt 16 Uhr verschwindet dort genau so viel positive Energie, wie es einem herkömmlichen Zug entspräche. Dies interpretiert der Pariser Beobachter dahingehend, dass ein positiv-energetischer Zug von Paris abfährt. Wohin? Natürlich nach Brüssel und zwar entgegen der normalen Zeitrichtung – denn dort ist ja um 12 Uhr ein negativ-energetischer Zug verschwunden, d. h. ein positiv-energetischer Zug aufgetaucht! Kurz: Die Fahrt eines Antizugs von Brüssel nach Paris entspricht der Fahrt eines normalen Zugs von Paris nach Brüssel, bei welcher die Zeit rückwärts läuft.

Schon 1932 konnte von Carl David Anderson (1905–1991) mit dem Positron, dem Gegenstück zum Elektron, das erste Antiteilchen experimentell bestätigt werden. Die Bewegung eines Positrons ist also identisch mit der Bewegung eines Elektrons, das sich rückwärts durch die Zeit bewegt.

Schwache Wechselwirkung

Wir haben uns von den drei im Mikrokosmos maßgeblichen Grundkräften der Natur bislang intensiver mit dem Elektromagnetismus und der starken Wechselwirkung beschäftigt. Die schwache Wechselwirkung ist dagegen etwas zu kurz gekommen – von der Gravitation ganz zu schweigen, deren Reich aber eher der Makro- als der Mikrokosmos ist. Dies hat einen Grund, denn die schwache Wechselwirkung ist nicht nur mathematisch, sondern auch konzeptionell noch schwieriger als die elektromagnetische und die starke Wechselwirkung zu fassen. Die in der folgenden Darstellung gemachten Vereinfachungen sind nötig, um wenigstens einen gewissen Überblick zu ermöglichen.

Die schwache Wechselwirkung ist verantwortlich für den β-Zerfall. Dabei wandelt sich, wie erwähnt, ein Neutron in ein Proton um, und es entstehen ein Elektron und ein Neutrino. Wie wir noch sehen werden, erfordern die Erhaltungssätze der Quantenzahlen aber, dass es sich nicht um ein Neutrino, sondern um ein Antineutrino handelt. Den β-Zerfall kann man somit folgendermaßen beschreiben (Antiteilchen sind im Folgenden immer überstrichen):

$$n \to p + e^- + \bar{\nu}_e \tag{5.2}$$

Die Halbwertszeit für den Zerfall eines freien Neutrons nach diesem Schema beträgt nach neueren Messungen ca. 10,2 Minuten, was einer Lebensdauer von ca. 14,7 Minuten entspricht. (Im Kern gebundene Neutronen sind normalerweise stabil, weil es wegen des Pauli-Prinzips keine freien „Quantenplätze" für die gebildeten Protonen gibt. Nur bei neutronenreichen bzw. protonenarmen Kernen findet das neue Proton einen unbesetzten Quantenzustand im Kern, diese Kerne sind oft β-Strahler.)

Der Neutronenzerfall lässt sich auch umkehren: Während ein freies Proton praktisch stabil ist – Experimente japanischer Forscher haben eine Halbwertszeit von mehr als 10^{35} Jahren ergeben – kann ein in einem Kern gebundenes Proton in ein Neutron verwandelt werden, wobei ein Positron und ein Elektron-Neutrino ausgesandt wird. Dieser sogenannte β^+-Zerfall wird bei protonenreichen Kernen beobachtet, beispielsweise bei K-40 mit einer Halbwertszeit von $1{,}28 \cdot 10^9$ Jahren. Die Reaktionsgleichung lautet:

$$p \to n + e^+ + v_e \qquad (5.3)$$

Dass die Umwandlung eines Neutrons in ein Proton (und umgekehrt) möglich ist, zeigt, dass die beiden Nukleonen miteinander verwandt sein müssen. Darauf deutet auch hin, dass sie im Kern dieselbe Anziehungskraft aufeinander ausüben und fast die gleiche Masse haben.

Wie zwischen Proton und Neutron besteht auch zwischen dem Elektron und seinem Antiteilchen, dem Positron (das ja ein Antielektron ist), eine Verwandtschaftsbeziehung. Bei einer Begegnung von Elektron und Positron vernichten sich beide gegenseitig, denn das einlaufende Positron ist sozusagen das Elektron, das sich vom Treffpunkt aus rückwärts in der Zeit wieder entfernt! Zurück bleiben zwei γ-Quanten, welche die verschwundene Ruhemasse von Elektron und Positron (in positiver Zeitrichtung) davontragen. Dieser Effekt wird in der Medizin bei der Positronenemissionstomographie verwendet.

Daraus lässt sich übrigens ein alles andere als selbstverständlicher Schluss ziehen: Es muss wesentlich mehr Materie als Antimaterie im All (oder zumindest in der beobachtbaren weiteren Umgebung der Erde) geben. Andernfalls würden wir nämlich nicht existieren, sondern wären längst bei Materie-Antimaterie-Kollisionen zerstrahlt. Leider können wir Ihnen hierfür keine tiefschürfende Erklärung referieren – es gibt bisher noch keine Begründung für die Asymmetrie von Materie und Antimaterie, nur eine Fülle von verwirrenden Befunden – was ein Stichwort zur weiteren selbständigen Recherche abgibt.

Neutrinos und andere Leptonen

Wir wollen uns nun genauer mit dem Neutrino befassen, genauer gesagt: den Neutrinos, denn es gibt drei „Generationen" oder „Familien" von ihnen. Nachdem das Antineutrino des β-Zerfalls schon bekannt war, entdeckte man in der kosmischen Höhenstrahlung ein neues Elementarteilchen, das bei seiner Entdeckung als Myon oder μ-Meson bezeichnet wurde – „Meson" (nach griech. μεσος = in der Mitte), weil sein Gewicht zwischen dem der leichten Elektronen und dem der schweren Nukleonen lag. Der Japaner Hideki Yukawa (1907–1981) hatte ein solches Teilchen als Austauschteilchen der starken Wechselwirkung vorausgesagt, und nun glaubte man, es entdeckt zu haben, zumal seine Masse von 106 MeV gut zu Yukawas Prognose von ca. 100 MeV (200 Mal die Elektronenmasse von 500 eV) passte.

Das 1936 entdeckte Myon erwies sich aber bald als großer Bruder des Elektrons – und nicht als Meson oder Austauschteilchen der Kernkraft. Es hatte – bis auf die Masse – nicht die Eigenschaften, die es haben sollte. Der Name μ-Meson war damit irreführend und wurde nicht mehr benützt – und die Suche nach Yukawas Meson ging weiter.

Das Myon ist nicht stabil und zerfällt mit einer Halbwertszeit von $2{,}2 \cdot 10^{-6}$ s in ein Elektron und ein Neutrinopaar, wobei das eine Neutrino ein sogenanntes Myon-Neutrino und das andere ein Anti-e-Neutrino ist.

$$\mu^- \to \nu_\mu + e^- + \overline{\nu}_e \qquad (5.4)$$

Entsprechend ist das Antimyon mit dem Positron verwandt, wie sein Zerfall in ein Positron (e^+), begleitet von einem Anti-μ-Neutrino ($\overline{\nu}_\mu$) und einem Elektron-Neutrino (ν_e) zeigt:

$$\mu^+ \to \overline{\nu}_\mu + e^+ + \nu_e \qquad (5.5)$$

Man kannte nun also nicht nur das Elektron und das Myon, sondern auch dazu passend zwei verschiedene Neutrinos. Ein weiteres Paar, das Tauon (τ) und ein zugehöriges Tauon-Neutrino, wurde erst viel später (1975 bzw. 2000) entdeckt.

Die drei Generationen der Neutrinos bilden zusammen mit dem Elektron, dem Myon und dem Tauon sowie deren Antiteilchen die Gruppe der „Leptonen" (von griech. λεπτος = schwach). Tab. 5.1 gibt eine Übersicht über diese Teilchenfamilie und ihre drei Generationen: die „e"-Generation, die „μ"-Generation und die „τ"-Generation (meistens sagt man 1., 2. und 3. Generation oder Familie). Für jede Generation gibt es eine besondere Leptonen-Quantenzahl (L_e, L_μ und L_τ), für die jeweils ein Erhaltungssatz gilt.

Ende der 1990er Jahre wurde mit der japanischen Super-Kamiokande-Anlage experimentell bewiesen, dass sich korrespondierende Teilchen unterschiedlicher Generationen, insbesondere Neutrinos, ineinander umwandeln können.

Tab. 5.1 Leptonen. L = Leptonenquantenzahlen: L_e für Elektronen, L_μ für Myonen, L_τ für Tauonen; Q = elektrische Ladung; Die Antiteilchen sind überstrichen, z. B. $\overline{\nu}_\mu$. Der Spin beträgt bei allen Leptonen 1/2.

	Masse in MeV	Halbwertszeit in s	L	L_e	L_μ	L_τ	Q
Elektron e^-	0,5110 ($\equiv 9,1 \cdot 10^{-31}$ kg)	stabil	1	1	0	0	-1
Positron e^+		–	-1	-1	0	0	$+1$
e-Neutrino ν_e	< 0,000003		1	1	0	0	0
Anti-e-Neutrino $\overline{\nu}_e$			-1	-1	0	0	0
Myon μ^-	105,66	$2{,}197 \cdot 10^{-6}$	1	0	1	0	-1
Antimyon μ^+			-1	0	-1	0	$+1$
μ-Neutrino ν_μ	< 0,19	–	1	0	1	0	0
Anti-μ-Neutrino $\overline{\nu}_\mu$			-1	0	-1	0	0
Tauon τ^-	1777,0	$2{,}91 \cdot 10^{-13}$	1	0	0	1	-1
Antitauon τ^+			-1	0	0	-1	$+1$
τ-Neutrino ν_τ	< 18	–	1	0	0	1	0
Anti-τ-Neutrino $\overline{\nu}_\tau$			-1	0	0	-1	0

2015 erhielten die beiden Physiker Arthur McDonald vom Sudbury Neutrino Observatorium und Takaaki Kajita vom Super-Kamiokande für diese Entdeckung den Physik-Nobelpreis. Diese sogenannte Neutrinooszillationen klärten nicht nur eine lange offene Frage nach den Vorgängen im Inneren der Sonne, sondern zeigten auch, dass alle Neutrinos eine, wenn auch sehr kleine, endliche Ruhemasse besitzen. Für deren Wert kann man allerdings bei allen drei Neutrino-Antineutrino-Paaren nach wie vor leider nur experimentelle Obergrenzen angeben.

Mit den Quantenzahlen lässt sich nun Ordnung in den β-Zerfall bringen, indem man die oben schon erwähnte Zerfallsgleichung des Neutrons

$$n \rightarrow p + e^- + \bar{\nu}_e \qquad (5.6)$$

so interpretiert: Für ein Neutron, das ja kein Lepton ist, gilt $L = 0$. Für das bei der Reaktion entstehende Proton gilt ebenfalls $L = 0$, für das Elektron $L = +1$. Folglich muss ein Antineutrino mit $L = -1$ entstehen, damit in der Summe die Leptonenzahl der Reaktionsprodukte wieder 0 ergibt, also die Gesamtleptonenzahl erhalten bleibt. Man kann leicht nachrechnen, dass auch beim Zerfall eines Protons (Gl. 5.3) die Leptonenzahl wiederum auf beiden Seiten der Gleichung 0 beträgt.

Stichworte zum Weiterlesen
- Asymmetrie Materie-Antimaterie,
- Entdeckungsgeschichte der Mesonen und Neutrinos.

6
Auf dem Weg zum Standardmodell

Mit dem eben über die starke Wechselwirkung, die Neutrinos und die Leptonen Gelernten wollen wir jetzt von der Elektronenhülle des Atoms (dem luftigen Obergeschoss) und seinem Kern mit den Neutronen und Protonen (dem soliden Erdgeschoss) weiter hinab in das erste und zweite Kellergeschoss der Materie steigen. Die Kellergeschosse sind die Domäne der Quantenfeldtheorie (QFT). Es ist völlig unmöglich, den erforderlichen mathematischen Apparat in diesem Rahmen auch nur ansatzweise darzustellen. Wir werden uns stattdessen in erster Linie darauf konzentrieren, wichtige und dabei einigermaßen allgemeinverständliche Begriffe wie „Feld", „Symmetrie" und „Parität" anzudiskutieren, die uns später bei der Beschreibung der Teilchenbeschleuniger von Nutzen sein können.

Felder

Wir wollen uns also erneut mit den Elementarteilchen beschäftigen, von denen uns in Hülle und Kern ja schon einige begegnet sind – aber nur einige, nur ein kleiner Ausschnitt des gesamten Spektrums an Teilchen, die in zahlreiche Familien und Unterfamilien eingeordnet werden und insgesamt den „Elementarteilchenzoo" bilden.

Im ersten und zweiten Kellergeschoss der Materie hausen die allerkleinsten Objekte der Erkenntnis. Da aber in der modernen Physik kleinste Abstände nur mit höchsten Energien untersucht werden können, wird die Elementarteilchenphysik oft auch als Hochenergiephysik bezeichnet, womit wir endgültig im Reich der Teilchenbeschleuniger ankommen sind, den „Instrumenten" zur Erforschung der Elementarteilchen, die mit diesen gewaltigen Energien verbunden sind und die das Thema dieses Buches sind.

Wenn wir dann schließlich alle (bekannten) Elementarteilchen beisammen haben, können wir sie in ein recht übersichtliches Schema ordnen, das ein wenig an das Periodensystem erinnert, in welchem sich den Chemikern des 19. Jahrhunderts die verborgene Struktur der Atomhülle offenbarte. Dabei gerät dann schließlich auch über die elektromagnetische und starke Wechselwirkung hinaus die letzte der drei für den Mikrokosmos fundamentalen Kräfte in den Fokus: die schwache Wechselwirkung.

Der physikalische Feldbegriff ist älter als die Quantenphysik, er wurde bereits im 18. Jahrhundert für die Beschreibung von Flüssigkeitsströmungen und elastischen Festkörpern entwickelt, wo „Feld" die Verteilung von Teilchen in einem Raum bedeutet – so wie in einem Getreidefeld die einzelnen Pflanzen verteilt sind. Erst Faraday und Maxwell, die wir schon oben kennengelernt haben, sprechen von Feldern immaterieller Größen wie beispielsweise der elektrischen Feldstärke. Der klassische

Elektromagnetismus der Maxwell-Gleichungen basiert auf dem elektrischen und magnetischen Feld als zentralem Begriff. Auch die Allgemeine Relativitätstheorie beruht auf einem Satz von Differenzialgleichungen, die auf den ersten Blick einfach aussehen, aber extrem schwierig zu lösen sind: den Einstein'schen Feldgleichungen. Einstein verbrachte den größten Teil seiner späten Jahre damit, eine vereinheitlichte Feldtheorie zu entwickeln, welche ausgehend von diesen Gleichungen alle damals bekannten Wechselwirkungen zusammenführen sollte. Damit wollte er der von ihm scharf kritisierten zeitgenössischen Quantenphysik mit ihren Ungewissheiten, Wahrscheinlichkeiten und Unschärfen einen relativistisch-deterministischen Alternativentwurf entgegenstellen. Er scheiterte, stattdessen wurde die Quantenfeldtheorie zum Standardmodell für alle Fragen der atomaren und subatomaren Welt.

Bis heute ungelöst ist dabei die Frage, wie sich die bei kosmologischen Distanzen unübertroffene Allgemeine Relativitätstheorie und das Standardmodell der Teilchenphysik unter einen gemeinsamen Hut bringen lassen. Es gibt noch keine Quantenfeldtheorie der Gravitation, und schon gar keine Version, die darüber hinaus Elektromagnetismus, starke und schwache Wechselwirkung „vereinheitlichen" würde. Auf die Suche nach dieser heiß ersehnten „Theory Of Everything" (TOE) oder „Grand Unified Theory" (GUT) kommen wir noch zurück.

Lassen Sie uns aber zunächst über den klassischen Feldbegriff reden. Ein Feld wird mathematisch durch eine Funktion beschrieben, die den unterschiedlichen Punkten auf einer Fläche oder in einem Raum bestimmte Werte zuweist. Das kann ganz anschaulich sein: Auch ein Schlachtfeld ist ein Feld, wenn man als Funktionswert beispielsweise die Masse eines an einer bestimmten Position auf dem Feld befindlichen Soldaten wählt. Ein Beispiel aus der Physik oder Meteorologie ist ein Temperaturfeld, das die Verteilung der Temperatur in einem Raum beschreibt.

Man unterscheidet skalare Felder und Vektorfelder. Ein Temperaturfeld ist ein skalares Feld, da die Temperatur ein Skalar ist, eine einfache Zahl. Bei einem Vektorfeld wird jedem Raumpunkt ein Vektor zugewiesen. Ein Windfeld wäre hier das zum Temperaturfeld analoge Beispiel. Weitere Beispiele sind das elektrische Feld, das Magnetfeld und ein Newton'sches Kraftfeld wie das Schwerefeld der Erde, welches die Anziehungskraft zwischen dem Erdkörper und einer Masse über seiner Oberfläche beschreibt. Diese Kraft ist bekanntlich ein Vektor, dessen Betrag der Stärke der Erdanziehung entspricht und dessen Richtung angibt, wohin die Probemasse beschleunigt wird: in diesem Fall zum Erdmittelpunkt, nach „unten".

Das Lösen eines physikalischen Problems, etwa der Frage, wie Wärme transportiert wird, läuft dann darauf hinaus, eine Feldfunktion zu finden, die alles erfüllt, was man aus Experimenten weiß, sie muss also die Belegung unseres Temperaturfeldes erklären. Im Idealfall ordnet eine Funktion $f(x)$ jedem Raumpunkt x einen Wert zu. Hat man dies geschafft, beschreibt die Lösungsfunktion genau das Temperaturfeld bzw. genau die räumliche Temperaturverteilung, die in der Aufgabenstellung gesucht wurde.

Die klassische Physik geht davon aus, dass es eine Fernwirkung gibt, was heißt, das sich Kräfte ohne Zeitverzögerung, also instantan auswirken. Geht man aber wie die Relativitätstheorie davon aus, dass die Lichtgeschwindigkeit die größte mögliche Geschwindigkeit ist, ist eine instantane Fernwirkung ausgeschlossen. Damit taucht die Frage auf, wie die Kräfte in einem Feld vermittelt werden, also die Frage nach den „Austauschteilchen" – und die Frage, die schon beantwortet ist: ob es eines Zwischenmediums bedarf.

Beim Elektromagnetismus haben wir diese Austauschteilchen schon kennengelernt: Es sind die Photonen, also quantisierte elektromagnetische Wellen oder Pakete von Störungen im elektromagnetischen (Kraft-)Feld. Der einzige Unterschied zwischen den Kraftfeldern der klassischen Physik und denen der neuen Quantenfeldtheorie besteht darin, dass einmal die Übertragung von Energie und Kraftwirkung kontinuierlich erfolgt und nun quantisiert.

In der Quantenfeldtheorie wird nicht mehr grundsätzlich zwischen Materie und Kraftfeld unterschieden. Auch Materie*teilchen* wie Elektronen oder Neutronen werden als Materie*wellen* durch quantisierte Felder beschrieben. Dies ist ein faszinierender Ansatz, leider führt er in fast allen Fällen dazu, dass divergierende, also über alle Grenzen wachsende Integrale in den Gleichungen auftreten. Dem kann man mit einem Renormierung genannten mathematischen Trick beikommen, durch den die Theorie trotzdem ihre Vorhersagekraft nicht verliert. Ein Grund dafür, dass es bisher noch keine Quantenfeldtheorie der Gravitation gibt, liegt darin, dass dieser Trick für quantisierte Gravitationsfelder nicht funktioniert – doch Näheres zur Gravitation weiter unten!

Symmetrien

Bevor wir uns wieder konkreteren Dingen zuwenden, noch ein paar Worte zu einem weiteren Konzept von grundlegender Bedeutung für die gesamte Physik und vor allem die Hochenergiephysik: die Symmetrien. Zwischen Symmetrien und Erhaltungsgrößen wie Energie oder Impuls gibt es einen fundamentalen Zusammenhang, der gerade in der Welt der Elementarteilchen eine zentrale Rolle spielt. Ohne dies tiefer begründen oder auch mathematisch herleiten zu können, zitieren wir einfach eine tiefgreifende Erkenntnis der deutschen Mathematikerin Emmy Noether (1882–1935) aus dem Jahr 1918:

> Das Noether-Theorem: Jede kontinuierliche Symmetrie in der Natur ist mit der Erhaltung einer physikalischen Größe verbunden.

Im Einzelnen bedeutet das:

- Homogenität des Raumes: Die Erhaltung des *Impulses* geht mit der Translationsinvarianz einher, also mit der Tatsache, dass die Naturgesetze im Nachbarzimmer, auf dem Mond oder selbst im „Restaurant am Ende des Universums", wo die Reise durch die Galaxie endet, die gleichen sind.
- Homogenität der Zeit: Die Erhaltung der *Energie* ist mit der Zeitinvarianz verknüpft, also damit, dass die physikalischen Gesetze von der Zeit kurz nach dem Urknall bis heute und in alle Ewigkeit gelten.

- Isotropie des Raumes: Die Erhaltung des *Drehimpulses* geht mit der Rotationsinvarianz einher, also damit, dass bei jeglicher Rotation (u. a. auch bei der Wanderung der Erde um die Sonne bzw. der Drehung der Erde um sich selbst) die Naturgesetze unverändert bleiben.

Eine weitere, vor allem für die Quantenfeldtheorien wichtige Invarianz ist die sogenannte Eichinvarianz. Vielleicht erinnern Sie sich noch an den Schulunterricht, als es um elektrische Potenziale ging? Zu diesen kann man überall einen konstanten Wert hinzuaddieren, ohne dass sich an den elektrischen Spannungen etwas ändert, da diese als Potenzialdifferenzen definiert sind. Und wenn die Spannung gleich bleibt, tun dies das elektrische Feld und das Magnetfeld ebenfalls. Anders ausgedrückt: Man kann eine Größe an einem Ort frei festlegen, ohne dass davon die Wechselwirkungen verändert werden. Im modernen Sprachgebrauch der Physiker heißt diese willkürliche Wahl eines Potenzialnullpunkts „Eichung". Die Unabhängigkeit der physikalischen Vorgänge von einer gewählten Eichung ist in der klassischen wie in der Quantenelektrodynamik ein ganz wesentlicher Punkt. Langer Rede, überraschender Sinn: Die Tatsache, dass die (Quanten-)Elektrodynamik „symmetrisch" gegenüber einem Wechsel der Potenzialeichung ist, hängt direkt mit der Erhaltung der elektrischen Ladung zusammen! Nur der Vollständigkeit halber sei auch noch an die Erhaltung der Leptonenzahl erinnert, die mit einer sehr abstrakten Quantensymmetrie verknüpft ist.

Fassen wir noch einmal zusammen: Symmetrien von Zeit und Raum sowie der mathematischen Struktur der wichtigsten Quantenfeldtheorien hängen unmittelbar mit den grundlegenden Erhaltungssätzen der Physik zusammen: Impuls, Energie, Drehimpuls, elektrische Ladung. Man muss das nicht verstehen, um davon beeindruckt zu sein!

Parität und Paritätsverletzung

Parität

Um Symmetrie und Asymmetrie im weitesten Sinne geht es auch bei der sogenannten „Parität" (von lat. paritas = Gleichheit), die in der Elementarteilchenphysik eine ausschlaggebende Rolle spielt. Parität sagt etwas darüber aus, wie sich Objekte oder Prozesse bei einer Spiegelung verhalten.

Man spricht von positiver Parität (Quantenzahl $+1$, symmetrisch), wenn eine Größe, z. B. eine Geschwindigkeit, bei der Transformation der Koordinaten x, y, z, t in $-x, -y, -z, t$ das Vorzeichen nicht wechselt, die Parität ist negativ (Quantenzahl -1, antisymmetrisch), wenn das Vorzeichen wechselt. Ein Beispiel für negative Parität ist das elektrische Feld einer Ladung.

Paritätserhaltung bedeutet, dass ein gespiegelter physikalischer Vorgang nach den gleichen Gesetzen abläuft wie der originale, nicht gespiegelte Vorgang, eine positive Parität bleibt also bei dem Transformationsvorgang positiv, eine negative Parität bleibt negativ. Für alle makroskopischen Vorgänge der „klassischen" Mechanik und Elektrodynamik gilt die Paritätserhaltung. Diese Erfahrung hat zu dem Glauben geführt, eine Paritätsverletzung sei unmöglich.

6 Auf dem Weg zum Standardmodell

Abb. 6.1 Chiralität bei Meeresschnecken

Paritätsverletzung und Chiralität

Zur Erklärung der Paritätsverletzung muss man noch den Begriff „Chiralität" einführen (von griech. χειρ = Hand). Chiralität ist ein abstraktes Quantenkonzept, das man zwar nicht konkret verbildlichen kann, das aber an die „Händigkeit" erinnert: Die linke und die rechte Hand oder Meeresschnecken, wie wir sie in Abb. 6.1 sehen, können nicht durch eine einfache Spiegelung ineinander überführt werden. So ist es auch beim Elektron, das man sich als Überlagerung zweier Zustände mit unterschiedlicher Chiralität (positiv, negativ) vorstellen kann. Während im Reich der elektromagnetischen Wechselwirkung gleich viele rechtshändige und linkshändige Photonen ausgesendet werden, sind beim β-Zerfall diese beiden Zustände nicht symmetrisch einbezogen: Baut man ein Experiment des β-Zerfalls spiegelbildlich auf, erhält man eine andere Winkelverteilung der Elektronen, es wird die Parität verletzt.

Das Bild einer Welt mit Paritätserhaltung wurde zum ersten Mal 1956 durch die Ergebnisse des sogenannten „Wu-Experiments" (nach der Physikerin Chien-Shiung Wu) ins Wanken gebracht. Wu und ihre Mitarbeiter hatten Co-60, einen β-Strahler, so ausgerichtet, dass die Kernspins in eine Richtung zeigten. Wäre die Parität gewahrt geblieben, hätten beim Zerfall von Co-60 in Ni-60, ein Elektron und ein Antineutrino gleich viele Elektronen in die Richtung des Kernspins und in die Gegenrichtung emittiert werden müssen. Das war aber nicht der Fall, weil sich die Austauschteilchen oder -bosonen der schwachen Wechselwirkung an den linkshändigen Zustand des Elektrons koppeln.

Ein weiterer Beleg für die Paritätsverletzung ist das „Tau-Theta-Puzzle". Bei der Untersuchung des Zerfalls zweier Mesonen (τ^+, θ^+) stellte man fest, dass das τ^+-Meson in drei Pionen (π^+, π^+, π^-) zerfällt, das θ^+-Meson in zwei Pionen (π^+, π^0). Da die Parität eines Pions -1 ist, ergibt das bei drei Pionen als Parität das Produkt von dreimal -1, also -1, bei zwei Pionen $+1$. Bei Paritätserhaltung müsste also τ^+ die Parität -1 haben, θ^+ dagegen $+1$. Nun stellte sich aber heraus, dass die beiden Mesonen ansonsten völlig identisch sind: Es handelt sich um *ein* Meson, ein K-Meson, das K^+ genannt wurde (s. Tab. 7.2) und offensichtlich zwei Zerfallsarten kennt – womit eine Paritätsverletzung belegt war.

Die Paritätsverletzung und andere Verletzungen von Erhaltungssätzen, wie die Verletzung von Ladung ($C =$

Charge) *und* Parität (*P*), die *CP*-Verletzung, spielen für die Aufdeckung der Struktur der Materie und die dabei beteiligten Kräfte eine entscheidende Rolle. Sie treten auf, wenn die schwache Wechselwirkung ins Spiel kommt, nicht aber, wenn die Prozesse von der elektromagnetischen und starken Wechselwirkung beherrscht werden.

Fermionen und Bosonen

Zur Ordnung der Elementarteilchen gibt es noch ein weiteres Unterscheidungsmerkmal von Bedeutung. Erinnern wir uns an die Atomphysik und das Pauli-Prinzip, nach dem in der Natur nur solche Elektronenanordnungen in Atomen und Molekülen vorkommen, in denen sich sämtliche Elektronen hinsichtlich mindestens einer ihrer vier Quantenzahlen n, l, m und s unterscheiden.

Dieses Prinzip gilt für alle Teilchen mit halbzahligem Spin, für die Dirac 1945 in seinem Vortrag „Quelques développements sur la théorie atomique" den Begriff *Fermionen* nach dem italienischen Physiker Enrico Fermi (1901–1954) prägte. Zu ihnen gehören auch die Protonen und die Neutronen, grob gesagt: alle Materieteilchen. Die elementaren Fermionen unterliegen der starken und der elektroschwachen Wechselwirkung, die sich mathematisch sehr ähnlich sind. Damit liegt es nahe, dass man die Art der Wechselwirkung aus einem Symmetrieprinzip herleiten könnte.

Für die *Bosonen*, die Dirac nach dem indischen Physiker Satyendranath Bose (1894–1974, nicht zu verwechseln mit dem Physiker Chandra Bose) benannte, gilt dagegen das Pauli-Prinzip nicht: Sie verdrängen sich nicht gegenseitig aus gleichen Zuständen, sondern streben alle zum selben Zustand. Die Bosonen sind, grob gesagt, die Kraft- oder Austauschteilchen. Ein Boson kennen wir schon etwas genauer: das Photon (sein Spin beträgt 1). Auch die Mesonen gehören, wie Tab. 7.2 zeigt, zu den Bosonen. Im Folgenden werden wir auch die anderen fundamentalen Bosonen kennenlernen, darunter das nach Peter Higgs (*1929) benannte „Higgs-Teilchen" sowie die Nachbarn der Leptonen im Fermionenhaus, die Quarks.

Baryonen und Mesonen

Die Väter und Mütter der Quantenmechanik kannten nur Elektronen, Protonen, Neutronen und Photonen, in den 1930er Jahren kamen dann noch (Elektron-)Neutrino und Positron dazu. Die Lage blieb damit zunächst noch einigermaßen übersichtlich. Bald jedoch gab es erste Hinweise auf weitere neue Teilchen. Wie schon im Zusammenhang mit dem Myon erwähnt, formulierte der theoretischen Physiker Hideki Yukawa (1907–1981), der erste japanische Physik-Nobelpreisträger, 1935 eine Theorie für die anziehende Wechselwirkung zwischen Protonen und Neutronen. Seine Annahme war, dass sie durch sogenannte Mesonen vermittelt wird, so wie in der Quantenelektrodynamik die Anziehung oder Abstoßung von Ladungen von virtuellen Photonen bewirkt wird. Yukawas große Leistung bestand in der Erkenntnis, dass solche Teilchen, die eine Ruhemasse haben, einer Wechselwirkung mit endlicher Reichweite entsprechen – und die Reichweite dieser Kraft ist mit 1 fm ausgesprochen endlich!

Das 1936 entdeckte Myon entpuppte sich, wie schon angemerkt, nicht als Meson. Erst 1947 gelang dann wirklich die Entdeckung der vorausgesagten Teilchen, die zuerst Yukawa-Teilchen hießen und dann Pionen(π) genannt wurden. Sie traten gleich zu dritt auf: π^0, π^+ und π^-. In den folgenden Jahren füllte sich die Liste der damals als elementar angesehenen Partikel zusehends schneller, wobei sich die Neuankömmlinge in zwei Gruppen aufteilen ließen.

Die erste Gruppe umfasst die Baryonen (griech. $\beta\alpha\rho\upsilon\varsigma$ = schwer), zu denen auch die schon lange bekannten Protonen und Neutronen gehören. Die Baryonen werden meist mit griechischen Großbuchstaben bezeichnet (Σ, Λ, Ξ, Ω). Die zweite Gruppe sind die Mesonen (griech. $\mu\varepsilon\sigma\sigma\varsigma$ = mittel), deren Masse wie die der Pionen zwischen den Werten der leichteren Leptonen und denen der schweren Baryonen liegt. Die Mesonen sind Bosonen, sie werden mit griechischen Kleinbuchstaben bezeichnet ($\pi, \omega, \rho, \varphi, \eta$; aber auch mit K, D oder B und mit J/Ψ oder „Gipsy").

Baryonen und Mesonen werden unter dem Begriff „Hadronen" zusammengefasst (von griech. $\alpha\delta\rho\sigma\varsigma$ = stark), da sie die „starke" Wechselwirkung zwischen den Nukleonen spüren, während die Leptonen, die wir schon kennen, auf sie nicht reagieren.

Was war nun der Stand der Dinge zu Beginn der 1960er-Jahre? Wir wollen das bisher gesagte zusammenfassen: Es gab, außer den Photonen, die sozusagen „außer Konkurrenz" liefen, zwei Gruppen von Teilchen (s. Abb. 6.2):

1. die Leptonen, die entweder nur die schwache Wechselwirkung spüren (Neutrinos und Antineutrinos) oder da-

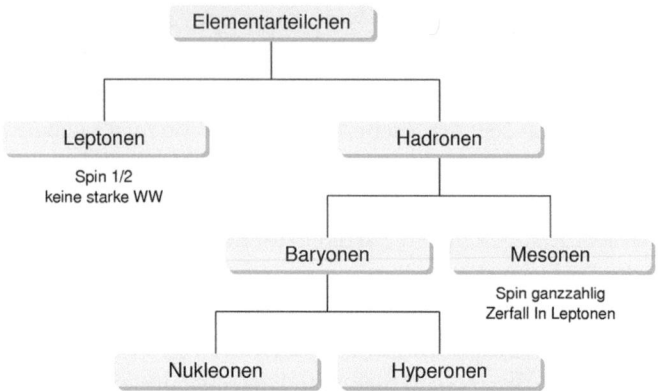

Abb. 6.2 Elementarteilchensystematik vor den Quarks und der Quantenchromodynamik. Aus Osterhage (2012)

zu auch die elektromagnetische Wechselwirkung (Elektron, Myon, Tauon und ihre Antiteilchen) und
2. die Hadronen, die auf die beiden genannten Wechselwirkungen sowie auch auf die starke Wechselwirkung reagieren und sich in Mesonen (wie das Pion) und Baryonen aufteilen, zu denen die Nukleonen (mit Neutron und Proton) und die Hyperonen gehören.

Stichworte zum Weiterlesen
- Einteilung Fermionen/Bosonen und Einteilung Leptonen/Hadronen,
- Parität, Chiralität, Helizität,
- Geheimnisse der Hyperonen.

7
Quarks, Flavor, Color und die Weltformel

Bei unserer Suche in den Kellergeschossen der Materie sind wir auf eine Vielzahl von Teilchen gestoßen, die das Ziel nach Übersichtlichkeit und Einfachheit des Elementarteilchenzoos in Frage stellten. In diesem Kapitel geht daher die Suche weiter: nach der Struktur der zunächst für unteilbar gehaltenen Elementarteilchen, also nach ihren Bestandteilen. Mit dem Konzept der Quarks eröffnet sich eine neue Möglichkeit der Ordnung und Vereinfachung.

Quarks

Die Geburtsstunde der Elementarteilchenphysik folgte auf die ernüchternde Erkenntnis, dass das glücklich (wieder)entdeckte Atom genau das nicht ist, was es seinem Namen nach sein sollte: nämlich unteilbar. Die Struktur eines Atoms aus Kern und Elektronenhülle entpuppte sich als viel komplizierter als man annahm, weil auch der Atomkern in komplexer Weise aus Protonen und Neutronen gebildet wird. Yukawas Theorie, „Mesonen" würden die Kerne zusammenhalten, konnte diese Phänomene nicht erklären, und zudem hatte man derart viele verschiedene Mesonen gefunden, dass man sie kaum noch als Elementarteilchen bezeichnen konnte. Gewisse Systematiken bei Spin, Parität und Partikelmassen deuteten darauf hin, dass hinter dem ganzen hadronischen Teilchenzoo eine tiefere Struktur versteckt sein könnte (oder besser: musste). Die Suche nach den wirklich elementaren Bausteinen der Materie ging also weiter.

Streuexperimente mit hochenergetischen Elektronen und Protonen haben den Verdacht bestätigt: Elektronen können Protonen durchdringen und stoßen dabei auf drei elektrisch geladene Teile – ganz ähnlich wie beim Streuversuch von Rutherford α-Teilchen im Inneren des Atoms am Kern gestreut wurden. (Die Einzelheiten dieser hochkomplexen Experimente an Teilchenbeschleunigern würden hier zu weit führen.) Mangels besseren Wissens nannte man die hypothetischen Bestandteile der Nukleonen zunächst nach einer Idee von Richard Feynman „Partonen" (von engl. part = Teil). Der in Moskau geborene George Zweig (*1937) und amerikanische Physiker Murray Gell-Mann (*1929) schlugen schließlich unabhängig voneinander als Bausteine der Materie die „Quarks" vor.

Die Quarks kann man auf zwei Wegen einführen: entweder systematisch „von unten nach oben", d. h., es werden ausgehend von einer Tabelle mit Quarksorten die aus ihnen zusammengesetzten Objekte vorgestellt. Oder aber man geht historisch vor und beschreibt zuerst den seit Mitte des 20. Jahrhunderts entdeckten „Teilchenzoo" und zaubert dann die Quarks als zugrundeliegendes Ordnungsprinzip aus dem Hut. Wir haben uns hier für den zweiten Weg entschieden, weil wir ja die Entwicklung der Teilchenbeschleuniger und der großen Laboratorien wie CERN und DESY im Auge haben. Da liegt es nahe, auch die unter anderem dort gemachten Entdeckungen in zeitlicher Folge zu diskutieren.

Die Bezeichnung „Quark" für die Hadronen-Bausteine geht auf Murray Gell-Mann zurück, der ein Wort aus *Finnegans Wake* von James Joyce ironisch aufgriff: „Three quarks for Muster Mark!" Muster oder Master oder Mister Mark ist eine Anspielung auf Marke, den Isolde mit Tristan betrügt, und der ganze Satz ist möglicherweise die Verballhornung einer Getränkebestellung aus Shakespeares *Wintermärchen:* „For a quart of ale is a dish for a King". Dass Joyce beim Bummel über den Marktplatz von Freiburg i. Brsg. die Rufe der Marktfrauen, man möge doch Quark kaufen, für *Finnegans Wake* aufgegriffen hat, ist eine schöne Geschichte, die aber nicht belegt ist. Sehen wir uns nun also an, was für ein Gebräu es ergibt, wenn die Quarks zu Elementarteilchen zusammengerührt werden.

Flavor

Durch das Quark-Modell lassen sich die meisten Erscheinungsformen der Materie beschreiben. Was die neue Ordnung im Elementarteilchenzoo betrifft, erinnern wir uns zunächst an ein altes Ordnungsinstrument, das Pauli-Prinzip aus der elementaren Quantenmechanik. Danach müssen sich Fermionen immer so anordnen, dass sie sich in mindestens einer ihrer Quantenzahlen unterscheiden. In der Atomhülle sind dies die Quantenzahlen n, l, m und s.

Die Quantenzahlen bzw. -zustände oder „Flavors" der Quarks, die Ordnung in die Elementarteilchen bringen, kann man in drei Zweiergruppen einteilen: up (u) / down (d), charm (c) / strange (s) sowie bottom (b) / top (t). Nach den gleichen Prinzipien können die Antiquarks eingeteilt werden.

Wir wollen nun im Einzelnen sehen, wie die Notwendigkeit für die neuen Quantenzustände entstand, also welche experimentellen Ergebnisse dazu führten, sie zu postulieren und was sich hinter den seltsamen „Flavors" verbirgt. Sodann ist die Frage, wie aus den Quarks die Elementarteilchen zusammengebaut sind und wie deren Quantenzahlen aussehen.

Isospin: Up und Down
Protonen und Neutronen verhielten sich bei bestimmten Streuexperimenten sehr ähnlich, woraus man schloss, dass die starke Wechselwirkung unabhängig von der elektromagnetischen Ladung eines Teilchens wirkt. Aus dieser Einsicht entstand im Sinne der Vereinfachung die Idee, Proton und Neutron nicht als zwei verschiedene Teilchen zu sehen, sondern als zwei Zustände eines einzigen Teilchens. Hierzu hat man den Isospin (nach griech. ισος = gleich; auch „isobarer Spin") T eingeführt, genauer gesagt, den starken Isospin, denn es gibt auch einen Isospin, der mit der schwachen Wechselwirkung verbunden ist. Der Isospin ist ein Vektor im dreidimensionalen Isospinraum, also ein abstraktes Gebilde, das man aber, ähnlich wie den Spin des Elektrons, formal wie einen mechanischen Drehimpuls behandeln kann.

Dem Isospin ist die Quantenzahl 1/2 zugeordnet, die z-Komponente T_z des Isospins kann zwei Werte annehmen: $+1/2$ und $-1/2$. Proton und Neutron bilden dann ein Dublett mit $T_z = +1/2$ („up") für das Proton und $T_z = -1/2$ („down") für das Neutron. Auch die Quarks bilden Isospin-Dubletts: Das Up-Quark hat $T_z = +1/2$, das Down-Quark $T_z = -1/2$. Die Idee ist, dass Proton und Neutron aus je drei Quarks bestehen, deren Up- und Down-Quantenzahl und Ladung die gewünschten Eigenschaften der Nukleonen ergibt. Geht man davon aus, dass das Proton aus zwei Up-Quarks und einem Down-Quark besteht, erhält man den Isospin $T_z = +1/2$, während das Neutron mit einem Up-Quark und zwei Down-Quarks den Isospin $T_z = -1/2$ hat.

Im Falle der starken Wechselwirkung gilt für diese neu eingeführte Isospin-Quantenzahl ein Erhaltungssatz. Durch ihn wird ausgedrückt, dass die starke Wechselwirkung unabhängig von der Ladung wirkt, dass es also gleichgültig ist, ob ein Teilchen eine elektrische Ladung trägt (wie das Proton) oder nicht (wie das Neutron).

Strangeness und Charm

Wie es zur Quantenzahl der „Strangeness" oder „Seltsamkeit" kam, ist leicht nachzuvollziehen: Eine Gruppe von Baryonen, die man Hyperonen nennt, sowie einige Mesonen zeigen ein sehr seltsames Verhalten. 1947 entdeckte man in der Höhenstrahlung „strange particles", die in kein bisher bekanntes Schema passten. Geht man davon aus, dass die starke Wechselwirkung zwischen Baryonen nur über eine Distanz von 10^{-15} m wirksam ist, muss man für die daraus resultierenden Reaktionszeiten etwa 10^{-23} s annehmen. Ganz ähnlich sollte es bei den Zerfallszeiten der angeregten Zustände sein. Tatsächlich ist das aber bei einigen Hyperonen und den K-Mesonen (Tab. 7.2) nicht so. Sie besitzen eine 10^{12} Mal längere Lebensdauer als andere Mesonen und werden deshalb als „seltsame" Teilchen bezeichnet. Ihnen wird die Seltsamkeitsquantenzahl S zugeordnet, die +1 oder −1 betragen kann.

Wie beim Isospin setzt sich die Strangeness eines Teilchens wieder aus der Strangeness der Quarks zusammen, die es bilden. Ein Teilchen besitzt Strangeness, wenn es mindestens ein Strange-Quark (s) enthält. Die Strangeness ändert sich beim Zerfall der entsprechenden Teilchen um eine Einheit, da dann das Strange-Quark in zwei andere Quarks zerfällt, die nicht „strange" sind. Damit enthält das neue Teilchen weniger oder gar keine Strange-Quarks mehr.

1974 entdeckte man die J/ψ- oder Gipsy-Mesonen, das sind Teilchen, die nur paarweise vorkommen, und für deren Zerfall die schwache Wechselwirkung verantwortlich ist. Diese Teilchen mit ihrer bestimmten Masse, Lebensdauer und Zerfallsart konnten in das bekannte Schema nicht eingeordnet werden: Man hat dazu eine weitere Quantenzahl postuliert, die „Charm" genannt wurde. Heute wissen wir, dass auch hinter dieser Größe ein eigenes Quark steckt, das Charm-Quark (c), das in bestimmten Teilchen enthalten ist und ihnen somit unter Umständen eine Charm-Quantenzahl ungleich Null verleiht. Teilchen mit einem Charm-Quark haben die Charm-Quantenzahl 1, Teilchen mit einem Anticharm-Quark −1, Teilchen ohne Charm-Quark 0. Das Gipsy-Meson besteht aus einem Charm- und einem Anticharm-Quark, eine Kombination, die auch Charmonium genannt wird.

Topness und Bottomness

Es gibt noch zwei weitere, schwerere Quarksorten namens Bottom oder Beauty (b) und Top oder Truth (t), die die Quantenzahlen von „Bottomness" oder „Topness" definieren. Das Top-Quark wurde 1973 postuliert und 1995 nachgewiesen, das Bottom-Quark wurde 1977 entdeckt.

Hyperladung

Mit der Ladung Q und dem Isospin I_z kann man den Teilchen eine Hyperladung Y zuordnen, für die $Y = 2(Q-T_z)$ gilt. Außerdem gilt mit der Baryonenzahl B, der Strangeness S, dem Charm C, der Bottomness B^* und der Topness T der Zusammenhang $Y = B + S + C + B^* + T$. Die Up- und Down-Quarks haben die Hyperladung $1/3$, die Up- und Down-Antiquarks $-1/3$, die Nukleonen 1.

Ordnung der Quarks

Die insgesamt sechs Quarks lassen sich wie die sechs Leptonen in drei Generationen ordnen. Dabei hat immer ein Mitglied einer Quarkgeneration die elektrische Ladung $2/3$ und das andere die Ladung $-1/3$ (z. B. Up- und Down-Quark, vgl. die kursivierten Paare in Tab. 7.1) wie die Leptonen, die immer Paare mit Ladung -1 bzw. 0 bilden (z. B. Elektron und Elektron-Neutrino). Der Grund für *diese* überraschende Parallelität ist noch unbekannt. Haben Sie eine Idee?

Tab. 7.1 fasst nun analog zu Tab. 5.1 (Leptonen) und Tab. 7.2 (Hadronen) die Eigenschaften der Quarks zusammen. Es fällt auf, dass die Masse der beiden leichtesten Quarks merkwürdig klein ist. Das Proton besitzt eine Masse von 938 MeV, was fast hundertmal so viel ist wie die Masse seiner zwei Up-Quarks und seines einen Down-

Tab. 7.1 Überblick über die sechs Quarkflavors. Für alle Quarks gilt: Baryonenzahl $B = 1/3$, Spin $= 1/2$. Antiquarks haben die gleiche Masse und den gleichen Spin wie die entsprechenden Quarks und ein umgekehrtes Vorzeichen bei Baryonenzahl und elektrischer Ladung. Da freie Quarks mit Ausnahme des Top-Quarks nicht beobachtet werden, kann man für einzelne Quarks keine sinnvolle Lebensdauer angeben. Die Lebensdauer des Top-Quarks ist mit ca. $4{,}2 \cdot 10^{-25}$ s rekordverdächtig kurz.

Quark	T_z starker Isospin, z-Komponente	S Strangeness	C Charm	B Bottom oder Beauty	T Top oder Truth	Q elektrische Ladung	Hyperladung	Masse in MeV
up	1/2	0	0	0	0	2/3	1/3	3
down	-1/2	0	0	0	0	-1/3	1/3	6
charm	0	0	1	0	0	2/3	-2/3	1200
strange	0	-1	0	0	0	-1/3	4/3	100
top	0	0	0	0	1	2/3	4/3	173.100
bottom	0	0	0	-1	0	-1/3	-2/3	4300

Tab. 7.2 Eine Auswahl an Hadronen

	S Strangeness	Q elektrische Ladung	T Isospin	Spin/ Parität	Masse in MeV	Halbwertszeit in s
Baryonen (Baryonenzahl $B = 1$) – Fermionen						
Nukleonen						
p, Proton	0	+1	1/2	1/2 / +	938,3	($> 10^{35}$ Jahre)
n, Neutron	0	0	−1/2	1/2 / +	939,6	887,7
Hyperonen						
Δ			3/2	3/2	1232	
Λ	−1	0	0	1/2 / +	1115,7	$2{,}63 \cdot 10^{-10}$
Σ^+	−1	+1	1	1/2 / +	1189,4	$0{,}80 \cdot 10^{-10}$
Σ^0	−1	0	1	1/2 / +	1192,6	$0{,}74 \cdot 10^{-19}$
Σ^-	−1	−1	1	1/2 / +	1197,4	$1{,}48 \cdot 10^{-10}$
Ξ^0	−2	0	1/2	1/2 / +	1314,8	$2{,}9 \cdot 10^{-10}$
Ξ^-	−2	−1	1/2	1/2 / +	1321,3	$1{,}64 \cdot 10^{-10}$
Ω^-	−3	−1	0	3/2 / +	1672,5	$0{,}82 \cdot 10^{-10}$

Tab. 7.2 (Fortsetzung)

	S Strangeness	Q elektrische Ladung	T Isospin	Spin/ Parität	Masse in MeV	Halbwertszeit in s
Mesonen (Baryonenzahl $B = 0$) – Bosonen						
π^0, Pion	0	0		0 / –	139,6	$8,4 \cdot 10^{-17}$
$\pi^{+/-}$	0	± 1		0 / –	135,0	$2,6 \cdot 10^{-8}$
ω	0	0		1 / –	782,7	$7,75 \cdot 10^{-23}$
B^+	0	1	1/2	0 / –	5278,9	$1,6 \cdot 10^{-12}$
B^0	–1	0	–1/2	0 / –	5279,2	$1,6 \cdot 10^{-12}$
K^+, Kaon	+1	+1	1/2	0 / –	493,7	$1,24 \cdot 10^{-8}$
K^0	+1	0	1/2	0 / –	497,7	$0,89 \cdot 10^{-10}$ $0,517 \cdot 10^{-7}$
K^-	–1	–1	1/2	0 / –	493,7	$1,24 \cdot 10^{-8}$

Quarks zusammen (12 MeV). Wie ist das zu erklären? Um drei Fermionen wie die Quarks gegen das Pauli-Prinzip bzw. Heisenbergs Unschärferelation auf so kleinem Raum einzusperren, wie ihn das Proton mit seinem Durchmesser von 1 fm bietet, ist eine gigantische Bindungsenergie notwendig. Wie groß ist diese Bindungsenergie? Sie beträgt 938 MeV minus die winzigen Massen der drei beteiligten Quarks. Mit anderen Worten, das Proton besteht praktisch nur aus Bindungsenergie, oder noch pointierter ausgedrückt, aus „Massendefekt"!

Elementarteilchenzoo vor der Entdeckung der Colors

Wieder sind es also Quantenzahlen, die Ordnung in die Neuentdeckungen bringen sollen. Jetzt, nach Einbeziehung der Quarks, lassen sich die folgenden Quantenzahlen unterscheiden, für die jeweils Erhaltungssätze gelten:

- Leptonenzahl L: $+1$ für Leptonen, -1 für Antileptonen, 0 für Hadronen,
- Baryonenzahl B: $+1$ für Baryonen, -1 für Antibaryonen, 0 für Mesonen und Leptonen,
- (elektrische) Ladungsquantenzahl Q: Werte von -1, 0 oder $+1$. Ein Teilchen und das zugehörige Antiteilchen haben jeweils die entgegengesetzte Ladungsquantenzahl. Alle Teilchen haben entweder keine oder aber genau eine positive oder negative Elementarladung. Die Ladungsquantelung ist also auf der Ebene der Baryonen und Mesonen streng erfüllt (dies gilt tatsächlich auch für alle phy-

sikalisch denkbaren Hadronen und für die Leptonen und elementaren Bosonen – mithin für alle einzeln beobachtbaren Teilchen).

- Spin s: Fermionen haben einen halbzahligen Spin (Leptonen 1/2, Baryonen 1/2 oder selten 3/2, 5/2), Bosonen haben einen ganzzahligen Spin, Mesonen haben Spin 0 oder Spin 1, selten 2, 3, ...
- Strangeness S: Für Leptonen, Nukleonen und viele Mesonen gilt $S = 0$, für Hyperonen und einige Mesonen $S = \pm 1$.
- Charm C: Hat ein Teilchen ein Charm-Quark, ist $C = 1$, hat es ein Anticharm-Quark, ist $C = -1$. Ansonsten ist $C = 0$.
- Isospin T_z: Je nach Zusammensetzung aus Up- oder Down-Quarks haben Teilchen die Isospin-Quantenzahl $T_z = 1$ (Proton) oder $T_z = 0$ (Neutron).
- Hyperladung Y: Die als Hyperladung definierte Quantenzahl Y beträgt bei den Nukleonen 1.

Murray Gell-Mann fand zwischen der Ladungsquantenzahl Q, der Baryonenzahl B, der Strangeness S und der z-Komponente des Isospins T_z den folgenden Zusammenhang:

$$Q = T_z + B/2 + S/2. \tag{7.1}$$

Mit diesen Quantenzahlen hat er seinen „Eightfold Way" mit Oktetten von Elementarteilchen konstruiert, der auf ironische Weise die Ordnungsideen und Harmonievorstellungen des Buddhismus aufgreift: Im „Achtfachen Edlen Pfad" sind die acht Tugenden der Weisheit (Gesinnung, Erkenntnis), Sittlichkeit (Rede, Handeln, Lebensweisheit) und Vertiefung (Streben, Achtsamkeit, Sammlung) versammelt. Das Modell ist inzwischen im Standardmodell aufgegangen bzw. durch dieses ersetzt worden.

Analog zur Tab. 5.1 der Leptonen wird in Tab. 7.2 eine Auswahl an Hadronen, also Baryonen und Mesonen, aufgeführt – eine Auswahl, da man inzwischen einige hundert Hadronen unterscheidet. In der Tabelle sind neben den Quantenzahlen S, Q, T und dem elektromagnetischen Spin s die Masse, die Halbwertszeit und die Parität angegeben.

Color, Farbladung

Leider ist auch mit den Quarks und ihren Flavors die Welt der Elementarteilchen noch nicht vollkommen geordnet. Betrachten wir beispielsweise ein Δ-Baryon (Tab. 7.2), dessen Isospin 3/2 auf drei gleichartige Quarks hindeutet, deren Isospins alle in dieselbe Richtung zeigen. Drei gleichartige Fermionen im selben Baryon, die in allen Quantenzahlen übereinstimmen, werfen sofort eine Frage auf: Wird da nicht das Pauli-Prinzip verletzt? Nein, das wird es nicht! Die drei Quarks haben vielmehr einen weiteren Freiheitsgrad bzw. eine weitere, bisher unbekannte Quantenzahl.

Wie schon für die Quantenelektrodynamik wurde im Zuge der Hochenergie- und Elementarteilchenphysik eine eigene Theorie entwickelt, die Quantenchromodynamik, mit der den Quarks diese zusätzlichen Freiheitsgrade beschert wurden, damit das Pauli-Prinzip erhalten blieb. Diese Freiheitsgrade sind die Farbladungen der Quantenchromodynamik (QCD), die analog zu den Ladungen der Quantenelektrodynamik (QED) zu sehen sind.

Der Name „Farbladung" kommt nicht von ungefähr. Während die elektrische Ladung die Quelle einer fundamentalen Wechselwirkung, nämlich der elektromagnetischen Wechselwirkung ist, steht die Farbladung für die starke Wechselwirkung, weswegen sie auch manchmal Farbkraft genannt wird. Die Tatsache, dass alle Hadronen nach außen farbneutral sind, hängt eng mit der begrenzten Reichweite der starken Wechselwirkung zusammen: Die Quarks entfalten ihre extrem starke Anziehungskraft nur im Hadron, sie geht nicht nach außen.

Der Begriff „Color" oder „Farbe" ist bewusst gewählt worden: Damit die „Farben" der Quarks innerhalb eines Baryons drei verschiedene Werte haben können und das Baryon nach außen trotzdem „farbneutral" ist, müssen die drei Quarkfarben sich zusammengenommen neutralisieren – genau so, wie die drei optischen Grundfarben Rot, Grün und Blau einander zu Weiß = farblos ergänzen. Antiquarks haben eine der „Antifarben" (Antirot, Antigrün und Antiblau), Antibaryonen sind ebenfalls farbneutral. Ansonsten hat die Farbe eines Quarks aber nichts mit optischen Regenbögen oder modischen Farbtrends zu tun. Das Ganze ist nur ein Versuch, die höchst abstrakten Verhältnisse wenigstens andeutungsweise bildhaft darzustellen und verständlich zu machen.

Die Farbenspiele haben große Auswirkungen: Es folgt mathematisch, dass es dann nicht nur ein Austauschboson geben kann, das die starke Wechselwirkung vermittelt, sondern gleich acht. In der Quantenchromodynamik (QCD) heißen die Austauschteilchen, die Verwandten des Photons, Gluonen (von engl. glue = Leim) und tragen selbst eine

Farbladung. Wie das Photon sind die Gluonen masselos und haben Spin 1.

Teilchen, Quarks und Gluonen

Mit der neuen Größe „Farbladung" setzt sich nun das Puzzlespiel weiter zusammen. Wir ersparen Ihnen die extrem komplizierte Mathematik und präsentieren gleich das fertige Bild (s. Abb. 7.3). Wesentliche Beiträge leisteten dazu die schon erwähnten Physiker Murray Gell-Mann und George Zweig.

Die Quarks wurden ja konzipiert, um Ordnung in die Elementarteilchen zu bringen. Wie sich die Elementarteilchen aus den Quarks zusammensetzen, wollen wir nun, unter Einbeziehung der Farben, noch einmal zusammenfassen:

Baryonen bestehen aus drei Quarks, von denen jedes eine andere Farbladung (Rot, Grün oder Blau bzw. r, g, b) hat. Nach außen sind die Baryonen damit farbneutral. Damit das Proton die elektrische Ladung +1 bekommt, brauchen wir zwei Quarks mit Ladung +2/3, also Up-Quarks, und ein Down-Quark mit der Ladung −1/3. (Aus welchen Quarks besteht dann wohl das Neutron? Oder das Antiproton?) Alle drei Quarks besitzen jeweils verschiedene Farbladung und ziehen sich daher an. Dies geschieht wie in Quantenfeldtheorien üblich über den Austausch virtueller Bosonen, die Gluonen heißen. Schließlich ist die Bindungsenergie im Proton so groß, dass sich via Paarerzeugung auch virtuelle Quark-Antiquark-Paare bilden können. Daher befinden sich die über Gluonen verbundenen drei Quarks

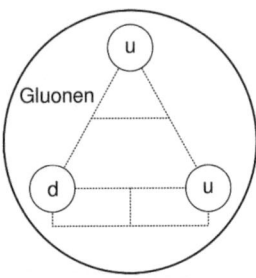

Abb. 7.1 Proton. Das Proton besteht aus zwei Up- und einem Downquark, die von Gluonen zusammengehalten werden. Die gepunkteten Linien symbolisieren die Bindung durch die Gluonen. Aus Osterhage (2012)

des Protons (die sogenannten „Stromquarks") in einen „See" virtueller Quark-Antiquark-Paare („Seequarks"), die immer wieder erzeugt werden und sich vernichten. Da diese selbst Farbladung tragen, gibt es auch noch virtuelle Gluonen, welche die Anziehung zwischen den virtuellen Quark-Antiquark-Paaren vermitteln.

Mesonen bestehen aus zwei Quarks und zwar immer aus einem Quark und einem Antiquark, die jeweils eine Farbladung sowie die zugehörige „Antifarbladung" tragen, also etwa „Rot" und „Antirot". Daher sind auch Mesonen farbneutral. Leptonen sind nicht aus Quarks zusammengesetzt, sie sind immer farbneutral, ebenso die Austauschteilchen der elektromagnetischen Wechselwirkung, die Photonen.

Schwache und elektroschwache Wechselwirkung

Schwache Wechselwirkung und Quarks

Wir können nun die schwache Wechselwirkung im Licht der Quarks und Gluonen noch einmal zusammenfassen, wie es in Abb. 7.2 dargestellt ist.

Die schwache Wechselwirkung betrifft alle Leptonen und alle Quarks (sowie natürlich die entsprechenden Antiteilchen). Anders ausgedrückt: Alle Leptonen und Quarks tragen eine Ladung der schwachen Wechselwirkung, die aber

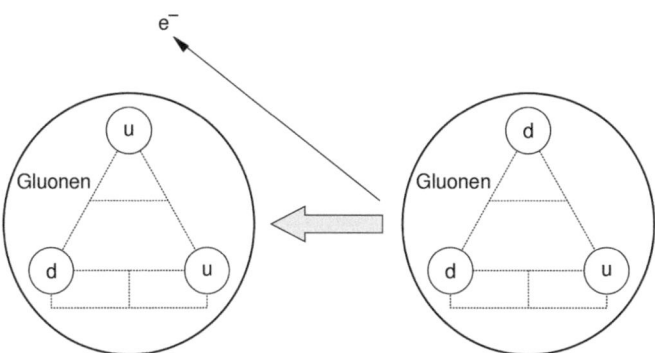

Abb. 7.2 β-Zerfall. Das Neutron (*rechts*) besitzt zwei Down-Quarks und ein Up-Quark, das Proton (*links*) zwei Up-Quarks und ein Down-Quark. Die Umwandlung eines Down- in ein Up-Quark erfolgt unter Aussendung eines Elektrons (Ladung −1) und eines Anti-e-Neutrinos. Dadurch stimmt die Ladungsbilanz wieder. Die *gepunkteten Linien* zwischen den Quarks symbolisieren die Bindung durch die Gluonen, der „See" aus (weiteren) virtuellen Gluonen und Quark-Antiquark-Paaren ist hier der Übersichtlichkeit halber nicht dargestellt. Aus Osterhage (2012)

in komplizierter Weise von der Parität und anderen Symmetrieeigenschaften der Reaktionspartner abhängt.

Auch die schwache Wechselwirkung wird durch eine Quantenfeldtheorie dargestellt. Es gibt also Austauschteilchen bzw. Feldquanten, die uns schon im Zusammenhang mit der Paritätsverletzung begegnet sind, und zwar drei verschiedene: die (elektrisch) geladenen Vektorbosonen W^+ und W^- und das elektrisch neutrale Vektorboson Z^0. Alle drei besitzen im Gegensatz zu Photon und Gluon eine Ruhemasse ($W^\pm$: 80,4 GeV, Z^0: 91,2 GeV). Dies bedeutet nach Yukawa, dass die Reichweite der schwachen Wechselwirkung begrenzt ist, sogar noch stärker als die der starken Wechselwirkung. Die Lebensdauer der Vektorbosonen ist mit ca. $3 \cdot 10^{-25}$ s noch kürzer als die des Top-Quarks.

Elektroschwache Wechselwirkung

Zentral für die Theorie der Quantenelektrodynamik oder QED ist ihr Feldquant oder Austauschteilchen, das Photon, ein masseloses, elektrisch neutrales Boson mit Spin 1. Wenn man von den unterschiedlichen Massen absieht, ist das Photon also gar nicht so verschieden vom Z^0-Austauschteilchen der schwachen Wechselwirkung. An dieser Stelle schlägt nun wieder einmal die Quantenphysik zu: Teilchen bzw. ganz allgemein Quantenzustände, die nicht (oder nicht sehr gut) zu unterscheiden sind, können gemeinsame Wellenfunktionen bilden.

Ganz verkürzt ist dies bereits die Kernaussage der „elektroschwachen" Theorie, die die elektromagnetische und die schwache Wechselwirkung vereinigt: Photon und Z^0 sind miteinander verwandt, sie lassen sich als Mischzustände zweier anderer, einzeln nicht beobachtbarer Bosonen interpretieren, die man B und W^0 nennt. Dies wurde experimentell dadurch belegt, dass bei elektromagnetischen Wechselwirkungen von geladenen Fermionen ein kleiner „Z^0-Anteil" und damit eine minimale paritätsverletzende Komponente der schwachen Wechselwirkung gemessen wurde. Und zu W^0 gehören dann natürlich auch die beiden anderen schwachen Vektorbosonen W^+ und W^-. Somit sind Photon, Z^0, W^+ und W^- die vier Austauschteilchen der elektroschwachen Wechselwirkung und damit die Cousinen der Gluonen.

Die Theorie der elektroschwachen Wechselwirkung geht auf Sheldon Glashow (*1932), Steven Weinberg (*1933) und Abdus Salam (1926–1996) zurück und heißt darum auch GWS-Modell. Im Jahr 1979 erhielten die drei für ihre Theorie den Nobelpreis für Physik.

Wie so vieles in der Quantenwelt hat die elektroschwache Vereinheitlichung allerdings wenig praktische Auswirkungen auf den Alltag: Die Funktion Ihres Handys kann weiterhin beliebig gut mit elektromagnetischen Wellen ohne Beimischung einer Z^0-Komponente beschrieben werden. Wenn man aber in den Bereich höchster Energie geht, beobachtet man Erstaunliches: die „Kopplungsstärke" der schwachen geladenen und neutralen Ströme nimmt deutlich zu, die der elektromagnetischen Wechselwirkung leicht ab. Schließlich, oberhalb von grob gesagt 100 GeV, sind die beiden Wechselwirkungen gleich stark und tatsächlich „vereinheitlicht", sodass man von einer „elektroschwachen" Wechselwirkung sprechen kann.

Das Standardmodell der Elementarteilchen

Wo stehen wir jetzt? Die ersten Kapitel des Buches haben uns von der Spätphase der klassischen Physik in die goldenen 1920er Jahre der Quantenmechanik geführt, dabei haben wir auch kurz die Relativitätstheorie gestreift. Vertiefungen und kleinere Exkurse haben uns dann in mehreren Anläufen über die Quantenelektrodynamik ins Reich der Quantenfeldtheorien geführt, in deren Sprache das heutige Standardmodell der Teilchenphysik formuliert ist. Wir haben einen Blick auf die experimentelle Entdeckungsgeschichte geworfen und gesehen, wie der Teilchenzoo erst anwuchs und unübersichtlich wurde, um dann im Quarkmodell mit Flavors und Colors eine innere Struktur zu offenbaren und zu einer neuen Ordnung zu finden.

Der Mikrokosmos teilt sich demnach in fundamentale *Fermionen* (Leptonen und Quarks), aus denen letztlich alle bekannten materiellen Objekte wie Protonen, Moleküle, die Erde, die Sonne, die Sterne, die Galaxien und Sie selbst aufgebaut sind, und fundamentale *Bosonen*, die Austauschquanten der fundamentalen Wechselwirkungen, die man inzwischen recht gut kennt, und deren wesentliche Eigenschaften noch einmal in Tab. 7.3 zusammengefasst sind.

Eine Übersicht über alles bisher Ausgeführte zum Standardmodell der Elementarteilchen geben die Tabellen der Leptonen (Tab. 5.1), Hadronen (Tab. 7.2) und Quarks (Tab. 7.1). Abb. 7.3 fasst noch einmal das Ordnungsschema aller Elementarteilchen zusammen:

Tab. 7.3 Die fundamentalen Wechselwirkungen. Die relative Stärke bezieht sich auf „niedrige" Energieskalen. Die komplizierte Natur der „schwachen Ladung" können wir mit den hier beschriebenen Konzepten nicht detailliert beschreiben.

Kraft/Wechselwirkung	Theorie	Ladung	Feldquant	Spin	Masse in GeV	relative Stärke	Reichweite in m
elektromagnetische	Quantenelektrodynamik (QED)	elektrische Ladung $(+/-)$; Elementarladung e	Photon	1	0	10^{-2}	∞
starke	Quantenchromodynamik (QCD)	Farbladung $(r, g, b, \bar{r}, \bar{g}, \bar{b})$	Gluonen	1	0	1 (gesetzt)	10^{-15}
schwache		schwache Ladung	$Z^0, W^0,$ W^+ und W^-	1	80,4 bzw. 91,2	10^{-15}	10^{-18} (?)
Gravitation		Masse	Graviton (?)	2	0	10^{-39}	∞

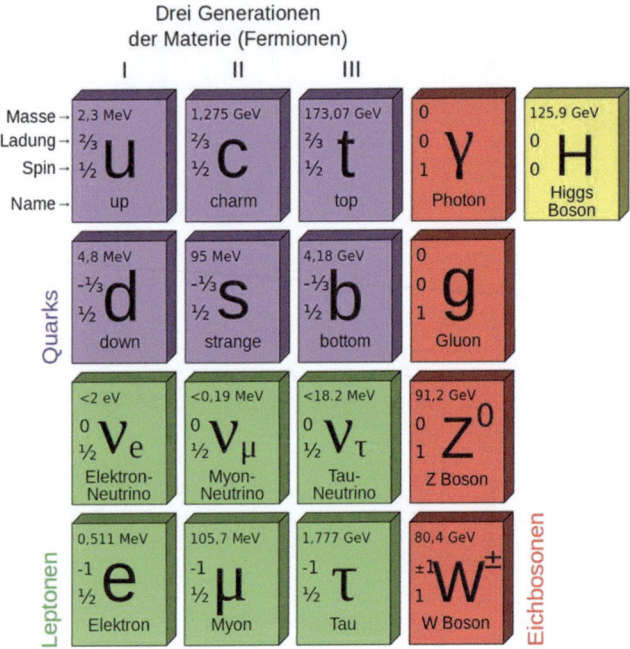

Abb. 7.3 Standardmodell der Elementarteilchen mit den sechs Quarks (*links oben*), den sechs Leptonen (*links unten*), den Austauschteilchen (*4. Spalte von links*) und dem etwas verloren herumstehenden Higgs-Boson (*ganz rechts oben*). (Aufgrund verschiedener Quellen differieren die Zahlenwerte hier und in unseren Tabellen in einigen Fällen.) © MissMJ; Wikimedia Commons, CC BY-SA 3.0

Wir sind nun bei der GUT, der „Great Unified Theory" angelangt, der TOE, der „Theory Of Everything" oder der „Weltformel". Die neue Ordnung ist allerdings, und das muss immer wieder betont werden – auch mit den Quarks und ihren Farben bei Weitem noch nicht vollkommen. Im Folgenden wollen wir auf zwei große Probleme hinweisen: auf die ungelöste Einbindung der Gravitation in ein Standardmodell und auf das Problem, wie die Teilchen zu ihrer Masse kommen. An der Ausgestaltung und Erweiterung der GUT (oder Reduktion auf noch einfachere Konzepte) arbeiten weltweit die Physiker.

Gravitation

Wie erwähnt, „vereinheitlichen" sich bei einer Energie von mehr als 100 GeV der Elektromagnetismus und die schwache Wechselwirkung zur elektroschwachen Wechselwirkung. Man nimmt an, dass sich bei noch viel höheren Energien auch die starke Wechselwirkung den beiden anderen Kräften anschließt. Von der mathematischen Struktur der Theorien liegt dies nahe, und es gibt gewisse experimentelle Hinweise, welche diese Hypothese stützen.

Sehr schlecht sieht es im Moment immer noch für die Beziehungen zwischen den drei genannten Wechselwirkungen und der Gravitation aus. Man kann zwar sagen, dass ihr quantisiertes Austauschteilchen, wenn es eines gibt, masselos sein und den Spin 2 haben müsste. Eine Theorie, welche dies voraussagt und gleichzeitig alle vier Grundkräfte einheitlich beschreiben könnte, gibt es aber, wie schon mehrfach erwähnt, noch nicht. Immerhin hat das Feldquant der „Quantengravitation" aber schon den schönen Namen Graviton. Die für eine direkte Überprüfung benötigten Energien von über 1 YeV kann man mit keinem irgendwie vorstellbaren Teilchenbeschleuniger erreichen.

Wechselwirkungen und Big Bang
Das Zusammenwachsen der Wechselwirkungen bei extrem hohen Energien können wir möglicherweise beim Big Bang studieren – in umgekehrter Reihenfolge: Die anfangs vereinten Wechselwirkungen trennten sich bei der Ausdehnung und Abkühlung des Universums. In der „Planck-Zeit", das sind die ersten 10^{-43} s des Universums, waren alle Kräfte zu einer „X-Kraft" vereinigt, über die man (noch) nichts aussagen kann. Danach spaltete sich zuerst die Gravitation ab, und es verblieb die GUT-Kraft (GUT = Great Unified Theory), die sich unterhalb 10^{16} GeV zunächst in die elektroschwache und die starke Kraft aufspaltete. Die elektroschwache Kraft spaltete sich schließlich noch in die schwache und die elektromagnetische Kraft auf.

Gravitationswellen
Die intensive Suche nach Gravitationswellen aus den Weiten des Alls, wie man sie beim Zusammenstoß zweier Schwarzer Löcher vermutet, soll nicht nur einen direkten Nachweis der Schwarzen Löcher liefern, sondern auch zeigen, ob die Ausbreitung der Gravitation instantan erfolgt, wie es die „klassische" Theorie fordert, oder ob sie sich gemäß der Allgemeinen Relativitätstheorie mit Lichtgeschwindigkeit ausbreitet.

Der Bezug der Gravitationswellen zu den Gravitonen ist nicht trivial: Während die Gravitonen Quanten sind, folgt das Konzept der Gravitationswellen aus einer nichtquantenhaften Theorie. Man nimmt aber an, dass die Gravitationswellen den kohärenten Status vieler Gravitonen wiedergeben. Ihr Nachweis wäre dann zwar nicht mit dem Nachweis eines Gravitons identisch, man könnte aber aus den Eigenschaften der Gravitationswellen auf die Eigenschaften der Gravitonen schließen.

In der Tat konnte man schon abschätzen, dass die Masse eines Gravitons, die man analog zum Photon mit Null annimmt, kleiner als 10^{-22} eV ist. Am 11. Februar 2016 wurde dann bekanntgegeben, im September 2015 sei eine Gravitationswelle erfasst und vermessen worden – u. a. mit dem Ergebnis, dass die Compton-Wellenlänge des Gravitons mehr als 10 Lichtjahre beträgt.

Higgs-Bosonen

Auch ein zweites ungelöstes Problem hängt mit der Gravitation zusammen. Analog zur elektrischen Ladung spricht man auch von einer Ladung der Gravitation: Es ist die Masse. Die Frage ist, wie die „krummen" Massezahlen der Elementarteilchen zustande kommen, ja, wie überhaupt die Elementarteilchen zu einer Masse kommen. Die Theorien dafür (u. a. die „String-Theorie") sind noch unvollkommen.

Peter Higgs und weitere Forschergruppen haben sich schon 1964 einen Mechanismus ausgedacht, der das Problem zu lösen verspricht. Sie konzipierten ein „Higgs-Feld", das allgegenwärtig ist, mit den Teilchen wechselwirkt und ihnen dabei ihre Masse verleiht. Mit diesem Feld könnten die elektromagnetische Wechselwirkung und die schwache Wechselwirkung zur elektroschwachen Wechselwirkung zusammengeschlossen werden. Das Austauschteilchen dieses Felds ist das in Abb. 7.3 rechts oben platzierte „Higgs-Boson". Nachdem alle Teilchen angeregte Zustände von Feldern sind, wäre das Higgs-Boson ein angeregter Zustand des Higgs-Felds.

Während der Nachweis der Gravitonen der gigantischen Energien wegen, die beteiligt sein müssen, mit irdischen Experimenten kaum gelingen kann, zählt der experimentelle Nachweis der Higgs-Bosonen zu den großen Aufgaben der Teilchenbeschleuniger – denen wir uns nun zuwenden wollen.

Stichworte zum Weiterlesen
- Quarkstruktur aller Elementarteilchen,
- Schwache Ladung,
- Austauschbosonen,
- Gravitonen und Higgs-Bosonen.

8
Teilchenbeschleuniger

Wir wissen nun, um welche „Teilchen" es geht, wir haben das wichtigste theoretische Handwerkszeug rekapituliert und wir wissen, warum Teilchen beschleunigt werden sollen und welche Geheimnisse sie dabei vielleicht preisgeben. Damit können wir uns nun den „Teilchenbeschleunigern" zuwenden. Ihnen und ihrer Geschichte ist dieses Kapitel gewidmet.

Die Vorläufer

Wir erinnern uns zunächst an Gl. 2.7, die den Zusammenhang zwischen der Spannungsdifferenz in einem elektrischen Feld und der Energie angibt, die dieses Feld auf die geladenen Teilchen überträgt, indem es sie beschleunigt:

$$\Delta E_{\text{kin}} = qU \quad (8.1)$$

Ein Teilchenbeschleuniger ist ein Apparat, der diese Gleichung in die Praxis umsetzt. Geht man von dieser Definition aus, waren auch alle Fernsehgeräte bis zum Aufkommen des Plasmabildschirms Teilchenbeschleuniger, weil schon in der von Karl Ferdinand Braun (1850–1918) 1897 entwickelten Röhre Teilchen in einem elektrischen Feld durch Anlegen einer Spannung beschleunigt und gelenkt wurden.

Bei unsrem Blick zurück in die Geschichte müssen wir also zunächst die Vorläufer der eigentlichen Teilchenbeschleuniger betrachten. Wir wollen dabei mit den Vakuumröhren beginnen, in denen die aus freien Elektronen bestehenden Kathodenstrahlen erzeugt wurden, wofür die Braun'sche Röhre ein Beispiel ist.

Das erste Gerät dieser Art war die Hittorf'sche Röhre, es folgte dann ein erster Beschleunigerversuch, mit dem der britische Physiker und Nobelpreisträger J. J. Thomson das Verhältnis der Masse eines Elektrons zu seiner Ladung feststellen wollte. Im Anschluss daran ging es um die Entwicklung „echter" Beschleuniger von den ersten Konzepten für einen Linearbeschleuniger bis letztlich zur Gründung der großen Laboratorien zur Teilchenbeschleunigung.

Hittorf'sche Röhre

Ein Forscher, dessen Name immer wieder mit Geräten und Experimenten in Verbindung gebracht wird, die in der zweiten Hälfte des 19. Jahrhunderts auftauchten und bei denen Teilchenstrahlen eine wichtige Rolle spielten, ist der in Bonn geborene Johann Wilhelm Hittorf (1824–1914). Hittorf gilt als der Erfinder einer nach ihm benannten Röhre. Es handelt sich dabei um ein Glasrohr, das mit einem gegenüber der Außenwelt im Verhältnis 1:1000 verdünnten Gas gefüllt ist. Im Innern des Glasrohrs befindet sich eine hohlspiegelförmige Kathode, von der Elektronen ausgehen und durch eine entfernt am Rand liegende positive Anode beschleunigt werden. Hittorf hat diese Technik in den Jahren vor 1870 entwickelt. Ursprünglich sollten mit

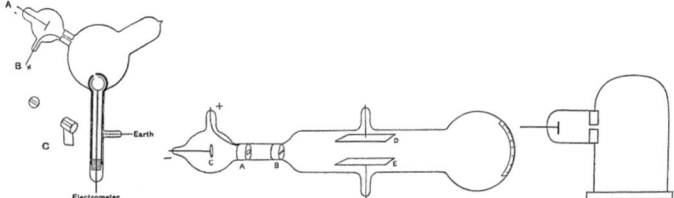

Abb. 8.1 Geräte zur Durchführung der Kathodenstrahlexperimente von J. J. Thomson. Aus Thompson (1897), S. 295, 296, 301

der Röhre Gasentladungen untersucht werden, sie wurde aber beispielsweise auch von Konrad Röntgen eingesetzt, als er 1895 die nach ihm benannten Strahlen entdeckte.

Crookes'sche Röhre
Eine modifizierte Form der Hittorf'schen Röhre ist die Crookes'sche Röhre, die nach ihrem Erfinder, dem britischen Physiker William Crookes (1832–1919), benannt ist. Thomson setzte sie bei seinem Experiment zur Bestimmung des Verhältnisses der Masse des Elektrons zu seiner Ladung ein. Dieses Experiment zeigte bereits, worauf es bei Teilchenbeschleunigern grundsätzlich ankommt: auf die Entdeckung noch unbekannter oder noch nicht quantifizierbarer Eigenschaften von Elementarteilchens, indem man ihr Verhalten in einem elektromagnetischen Feld untersucht. Daran hat sich bis heute im Grunde nichts geändert.

Thomsons Experiment
Thomson stellte sein Experiment in der Arbeit „Cathode Rays" (Thomson 1897) vor. Er steuerte sein Ziel in drei Schritten mit drei Geräten an, die in Abb. 8.1 dargestellt

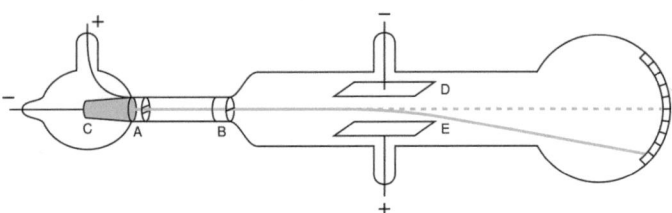

Abb. 8.2 Im elektrischen Feld abgelenkte Kathodenstrahlen

sind. Thomsons erster Schritt war, die Natur der Kathodenstrahlen zu erforschen. Dazu lenkte er die Kathodenstrahlen mittels eines Magnetfelds auf ein Elektrometer (Abb. 8.1, links). Die dort durchgeführten Messungen machten klar, dass es sich bei den Kathodenstrahlen um einen Strom negativ geladener Teilchen handelte.

In einem zweiten Schritt untersuchte er das Verhalten der Kathodenstrahlen in einem elektrischen Feld (Abb. 8.1, Mitte und Abb. 8.2). Die Kathodenstrahlen wurden von der Kathode C ausgesandt, zur Fokussierung durch zwei Schlitze A und B geschickt (Anode und Erdung) und dabei beschleunigt. Sie passierten dann das elektrische Feld zwischen den beiden Leiterplatten D und E, bevor sie auf die phosphoreszierende Beschichtung am Kopfende der Röhre trafen. Diese Beschichtung war mit einer Skala versehen, um die Ablenkung quantifizieren zu können.

Im dritten und letzten Schritt ging es schließlich um die Ablenkung der Kathodenstrahlen in einem Magnetfeld. Dazu benützte er ein Gerät, das aus einer Glasglocke bestand, die einen Ansatz hatte, in dem die Kathodenstrahlen erzeugt wurden (Abb. 8.1, rechts). Auf ihrem Weg hinein in die Glocke mussten sie eine positiv geladene Anode passieren und wurden dabei beschleunigt. In der Glocke wurden sie dann durch ein Magnetfeld abgelenkt. Das Ausmaß der Ablenkung konnte der Experimentator auf einem fluoreszierenden Schirm erkennen.

Aus den Ablenkungen im magnetischen und elektrischen Feld konnte Thomson schließlich das Verhältnis von Masse zu Ladung bestimmen. Hier die Details der Berechnung:

Die elektrische Winkelablenkung θ beträgt (mit $E =$ elektrische Feldstärke, $e =$ Ladung, $l =$ Länge der Platten, $m =$ Masse und $v =$ Geschwindigkeit):

$$\theta = Eel/(mv^2) \tag{8.2}$$

Die magnetische Winkelablenkung φ beträgt (mit $B =$ magnetischen Feldstärke):

$$\theta = Bel/(mv) \tag{8.3}$$

Thomson variierte das magnetische Feld bei seinem Experiment solange, bis die magnetische mit der elektrischen Ablenkung identisch war. Dann gilt:

$$Eel/(mv^2) = Bel/(mv) \tag{8.4}$$

Daraus folgt:

$$m/e = B^2 l/(E\theta) \tag{8.5}$$

θ wurde gemessen, B, E und l waren bekannt, sodass m/e berechnet werden konnte.

Thomson fand heraus, dass das gesuchte Verhältnis mehr als tausendmal kleiner war ($e/m_e = 1{,}759 \cdot 10^{11}$ C/kg) als das beim positiv geladenen Wasserstoffion (H$^+$ oder Proton; $e/m_p = 9{,}579 \cdot 10^7$ C/kg). Das ließ den Schluss zu, dass das gesuchte Teilchen entweder sehr leicht sein musste oder dass seine Ladung im Verhältnis zu seiner Masse relativ groß war. Die Ergebnisse zeigten, dass Kathodenstrahlen und Ladungsträger ein und dasselbe waren. Thomson schrieb dazu:

> Da Kathodenstrahlen negative Elektrizität transportieren, die durch ein elektrostatisches Feld so abgelenkt werden, als wäre sie negativ geladen, und indem ein magnetisches Feld so auf sie wirkt wie auf einen negativ geladenen Körper, der sich auf der Bahn dieser Strahlen bewegt, kann ich nicht anders schlussfolgern, als dass sie elektrisch negative Ladungen sind, die von Materieteilchen getragen werden. (Thomson 1897, S. 302)

Wir wollen nun den Gang durch die Geschichte fortsetzen und kommen dabei zu den eigentlichen Teilchenbeschleunigern. Der Gang beginnt bei Van de Graaff und reicht bis zu den allerneuesten Varianten, die in Planung sind.

Van de Graaff

Im Jahre 1929 wurde der erste Van-de-Graaff-Generator gebaut. Er ist nach seinem amerikanischen Erfinder Robert J. Van de Graaff (1901–1967) benannt und basiert auf der statischen elektrischen Energie eines Kondensators in Form einer Metallhohlkugel, dessen Potenzial über Reibungselektrizität durch leistungsfähige Gummibänder aufgebaut wird (Abb. 8.3).

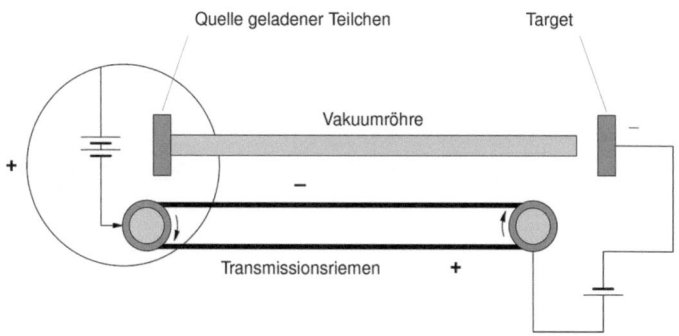

Abb. 8.3 Van-de-Graaff-Generator. Aus Osterhage (2012)

Ein Kamm nimmt die Ladungen vom umlaufenden Transmissionsriemen aus Gummi auf, wodurch ein elektrisches Feld entsteht. Eine Ionenquelle sorgt für die Teilchen, die man untersuchen will. Sie werden in eine Vakuumröhre hinein beschleunigt und treffen dann entweder direkt auf ein Ziel oder Target oder werden durch ein Magnetfeld zur weiteren experimentellen Untersuchung bestimmter Kernreaktionen in Experimentierkanäle abgeleitet. Die ganze Anlage befindet sich in einer Druckkammer, die mit einem neutralen Gas gefüllt ist.

Das Potenzial kann dabei Werte bis zu 25,5 MV erreichen. Man kann in Van-de-Graaff-Geräten eine Vielzahl von Ionen beschleunigen – angefangen von Wasserstoff bis hin zu Gold oder Blei. Der letzte größere Van-de-Graaff-Generator, der in Daresbury im britischen Cheshire stand, stellte 1993 seine Arbeit ein.

Eine Pop-Gruppe namens „Van de Graaf Generator" (nicht Graaff) sorgt heute mit Songs wie „Lemmings" für

Van-de-Graaff-Tandembeschleuniger

Eine technische Weiterentwicklung ist der Van-de-Graaff-Tandembeschleuniger (Abb. 8.4). Bei diesem Beschleunigertyp sind zwei Van-de-Graaff-Generatoren hintereinandergeschaltet. Dabei werden zunächst in einem ersten Beschleuniger beispielsweise negative Ionen (aber nicht Elektronen) beschleunigt. Sie passieren dann einen sogenannten Stripper oder „Abstreifer", eine dünne Kohlenstoff- oder Metallfolie, in der sie von ihren Elektronen befreit werden, wonach sie eine positive Ladung aufweisen. Anschließend werden sie auf ihrem Weg zum Target ein weiteres Mal beschleunigt.

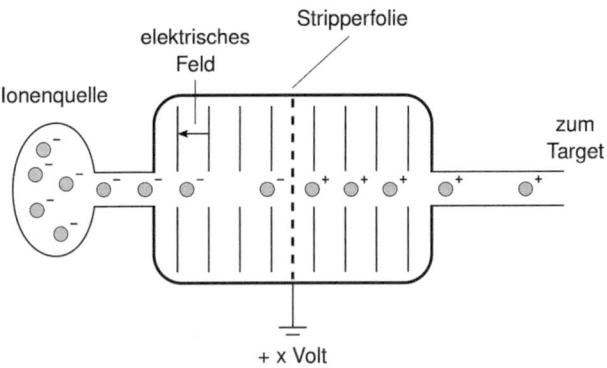

Abb. 8.4 Van-de-Graaff-Tandembeschleuniger

Zyklotron

Fast zeitgleich mit Van de Graaff entwickelte der ebenfalls 1901 geborene amerikanische Physiker Ernest Lawrence (1901–1958) an der Universität von Berkeley 1932 sein erstes „Cyclotron" (oder im deutschen Sprachgebrauch: Zyklotron, von griech. κυκλος = Kreis), das auf Ideen von Leo Szilard und Rolf Widerøe zurückging. In ihm werden geladene Teilchen zwischen zwei D-förmigen Polschuhen eines Dipolmagneten beschleunigt, die ein homogenes Magnetfeld senkrecht zur Zeichenebene erzeugen (Abb. 8.5). Zwischen den beiden Magneten kann sich beispielsweise eine Ionen-Quelle oder eine andere Quelle geladener Teilchen befinden. An den Dipolmagneten wird nun eine Wechselspannung angelegt, um die geladenen Teilchen während des Überquerens des Spalts zu beschleunigen. Die Teilchen gewinnen bei jeder Spaltüberquerung an Geschwindigkeit,

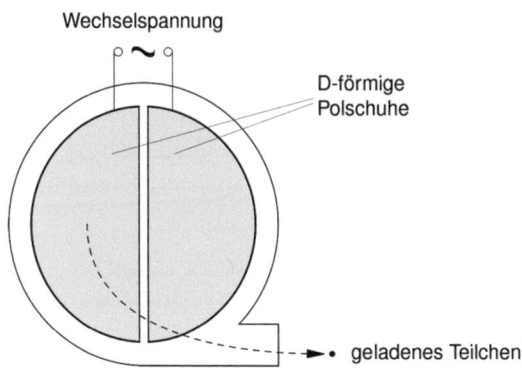

Abb. 8.5 Zyklotron. Aus Osterhage (2012)

gleichzeitig vergrößern sie ihren Bahnradius. Schließlich können sie über das Magnetfeld eines am Austritt befindlichen „Deflektors" aus dem Gerät heraus und z. B. auf ein Target gelenkt werden.

Die physikalischen Gesetze, die hier zugrunde liegen, haben wir oben am Beispiel der Elektronen diskutiert. Allerdings verwendet man Zyklotrone eher zur Beschleunigung schwererer Teilchen, z. B. von Protonen, Deuteronen oder α-Teilchen. Diese Teilchen können Energien bis zu 500 MeV erreichen.

Betatron

Eine der vielen Varianten von Teilchenbeschleunigern ist das Betatron, das zum ersten Mal schon 1935 von Max Steenbeck in Berlin entwickelt wurde. Es dient der Beschleunigung von Elektronen, von daher hat es auch seinen Namen, der an den Beta-Zerfall erinnert. Beim Betatron wird das Magnetfeld, durch das die Elektronen wandern, zeitlich verändert, wodurch ein elektrisches Feld induziert wird, das die Elektronen bis in die Nähe der Lichtgeschwindigkeit beschleunigen kann. Die Grenzenergie liegt bei ca. 200 MeV. Das Betatron wird auch als Kreisbeschleuniger oder „Elektronenschleuder" bezeichnet.

Calutron

Im Rahmen des Manhattan-Projekts der 1940er Jahre zur Entwicklung der amerikanischen Atombombe musste das

Problem gelöst werden, in einer natürlichen Mischung von Uranisotopen, die zu über 99 % aus U-238 und nur zu 0,7 % aus U-235 besteht, das für die Bombe benötigte U-235 anzureichern. Für die Trennung und Anreicherung von U-235 standen drei Methoden zur Verfügung: die elektromagnetische Methode, die Gasdiffusion und die thermische Diffusion.

Alle Methoden waren schon zuvor für geringe Massen in Laboratorien getestet worden, aber nun ging es darum, dass riesige industrielle Großanlagen konzipiert werden mussten.

Für die elektromagnetische Methode wurde das Calutron entwickelt, eine Art Hybrid aus Zyklotron und Massenspektrograph. Die Bezeichnung Calutron leitet sich von „California University Cyclotron" her und verweist damit auf die Verwandtschaft zum Zyklotron.

Die Isotopentrennung ging von Uranproben aus, die verdampft und ionisiert wurden. Die Ionen wurden dann als Teilchenstrahl in das Magnetfeld eines Zyklotrons eingespeist. Wie wir an der Bewegungsgleichung (Gl. 2.10) für die Teilchen in einem Zyklotron gesehen haben, ist der Bahnradius eines Teilchens von seiner Masse abhängig. Das führt dazu, dass das etwas schwerere Isotop U-238 weniger stark als das leichtere U-235 abgelenkt wird, sodass letztlich zwei getrennte Teilchenstrahlen aus dem Beschleuniger herausgeleitet werden können.

Angeblich haben sich sowohl Saddam Hussein als auch Gaddafi für Calutrone interessiert, um die irakische bzw. libysche Bombe zu bauen.

Synchrotron

Bei höheren Geschwindigkeiten der beschleunigten Teilchen sind relativistische Effekte zu berücksichtigen wie z. B. die Massezunahme (Gl. 2.29). Sie können von einem klassischen Zyklotron nicht mehr kontrolliert werden. Deshalb wurde das Zyklotron zum Synchroton weiterentwickelt, das zuerst 1946 gebaut wurde. Dieser Typ ermöglicht Beschleunigungen bis auf Energien um 200 MeV für Deuteronen bzw. 400 MeV für Protonen. Synchrotrone werden vor allem für Elektronen verwendet, wobei die Energien meist unter 10 MeV liegen.

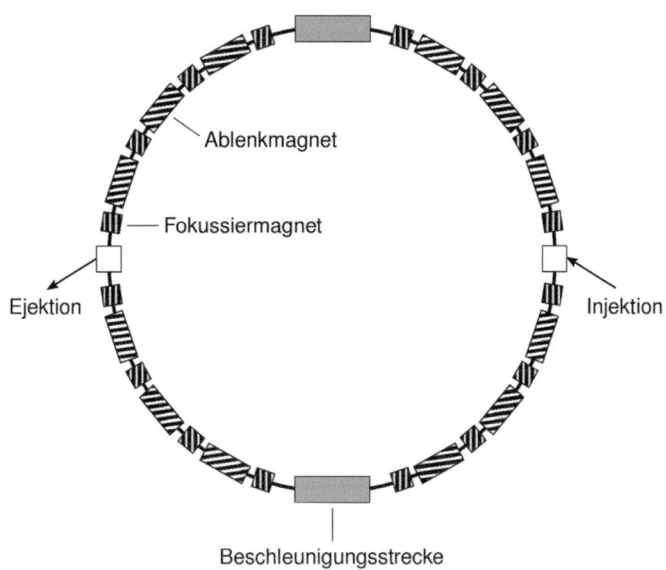

Abb. 8.6 Synchrotron

Synchrotone benötigen einen so großen Bahndurchmesser, dass die Teilchenbahn nicht mehr durch einen einzelnen Magneten fokussiert werden kann. Man verwendet deshalb eine Serie von hintereinander geschalteten Magneten (Abb. 8.6).

Es handelt sich also um eine Konfiguration, bei der die Teilchenbahn exakt vorgegeben ist. Da die Teilchenenergie während der Beschleunigung um einen ganz bestimmten Betrag zunimmt, wird die Magnetfeldstärke synchron zur kinetischen Energie erhöht. Daher die Bezeichnung Synchrotron.

Synchrotrone arbeiten mit vergleichsweise hohen Energien. Das bedeutet, dass sie Teilchen nicht von Null auf die gewünschte Endenergie bringen können. Die Teilchen müssen vielmehr schon eine gewisse Startenergie mitbringen, wenn sie in die Synchrotron-Beschleunigungsstrecke eintreten (Injektion). Diese Energie erhalten sie in einem vorgeschalteten Beschleuniger, in der Regel einem Linearbeschleuniger.

Haben die Teilchen die gewünschte Endenergie erreicht, werden sie den Experimenten bzw. Targets zugeleitet. Dazu dienen Ejektionsmagneten, die sie aus der Beschleunigerstrecke herauslenken. Außerdem werden gesonderte Fokussierungsmagnete eingesetzt, um geringfügige Bahnabweichungen zu vermeiden, die z. B. durch Zusammenstöße mit Luftmolekülen entstehen können.

Bei der Beschleunigung von Teilchen bis in die Nähe der Lichtgeschwindigkeit (z. B. relativistische Elektronen) entsteht die sogenannte Synchrotronstrahlung. Dabei handelt es sich um eine elektromagnetische Strahlung, die tangential von der Kreisbahn weg gerichtet ist. Ursache ist die radiale

Beschleunigung der elektrisch geladenen Teilchen durch das Magnetfeld. Elektrisch geladene Teilchen, die beschleunigt werden, senden – ähnlich wie ein Dipol – elektromagnetische Wellen aus. Dadurch verlieren sie jedoch einen Teil ihrer Energie, was zur Folge hat, dass dem Synchrotron eine Grenze gesetzt ist, jenseits der es nicht mehr sinnvoll beschleunigen kann. Galt früher die Synchrotronstrahlung als ein Störfaktor, so wird sie heute für bestimmte Untersuchungen mit Absicht erzeugt, z. B. bei Experimenten in der Festkörperphysik. Das Spektrum der Synchrotronstrahlung reicht vom Infrarot bis zur harten Röntgenstrahlung. Außer in Teilchenbeschleunigern treffen wir auf Synchrotronstrahlung bei Sternen wie den Pulsaren, schnell rotierenden Neutronensternen.

Linearbeschleuniger

Eine völlig andere Konzeption zur Beschleunigung von Teilchen ging ab den frühen 1950er Jahren ins Rennen: der Linearbeschleuniger oder LINAC (Linear Accelerator). Er basiert auf einer Technologie, die ein elektrisches Feld unter Wechselspannung durch Driftröhren bewegt, zwischen denen die Teilchen, beispielsweise Elektronen, auf einer geraden Bahn auf heute bis zu 5 GeV (Stanford LINAC, Abschn. 10) Energie beschleunigt werden (Abb. 8.7). Die Beschleunigung wird durch eine angelegte Wechselspannung erreicht, die den Driftröhren im richtigen Augenblick die richtige Spannung verleiht.

Historisch gesehen gehen die Linearbeschleuniger den Kreisbeschleunigern voraus: Der schwedische Physiker Gus-

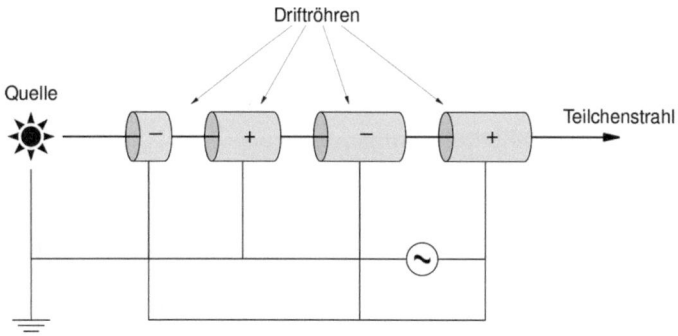

Abb. 8.7 Linearbeschleuniger. Aus Osterhage (2012)

tav Ising machte schon 1924 den ersten Vorschlag, der dann 1928 von Rolf Wiederöe realisiert wurde, einem norwegischen Ingenieur, der auch das Betatron entwickelte. Wegen des Geschwindigkeitszuwachses muss die Länge der aufeinanderfolgenden Driftröhren exakt so zunehmen, dass das geladene Teilchen für seinen Weg durch die Driftröhre jeweils die halbe Periode der Wechselspannung benötigt. Das bedeutet wegen der immer größeren benötigten kinetischen Teilchenenergien in der Praxis, dass die Röhrenlängen stark anwachsen und es zu unpraktischen und teuren Konfigurationen kommt. Moderne Linearbeschleuniger nutzen daher hochfrequente (100 MHz bis einige GHz) stehende Wellen, die in Resonatoren erzeugt werden. Ähnlich wie beim Synchrotron muss der Teilchenstrahl auch in hochfrequenten Linearbeschleunigern durch gesonderte Magnete fokussiert werden. Mit den so gewonnenen hochenergetischen Elektronen lassen sich dann beispielsweise Streuexperimente an Atomkernen durchführen.

Collider

Eine besondere Form der Beschleuniger sind die Collider, das sind Beschleunigerringe, in denen Teilchen, beispielsweise Protonen und Antiprotonen, aufeinander geschickt werden, um Zusammenstöße zu erzeugen. Solche Ringe werden auch Speicherringe genannt, weil man den Teilchenstrom in dem Ring zunächst speichert, bis die Beschleunigung erreicht ist, die zur gewünschten Endenergie führt. Gleichzeitig erzeugt man einen Teilchenstrahl, der sich in entgegengesetzter Richtung bewegt. Die beiden Teilchenstrahlen werden dann in Kreuzungspunkten der Bahnen aufeinander losgelassen.

Um solche Zusammenstöße beurteilen zu können, ist noch ein wenig Physik nötig. Die Energie, die bei einer Kollision erreicht wird und die bei den Zusammenstößen zum Entstehen neuer Teilchen führen soll, berechnet sich wie folgt:

$$E_{\text{ges}} = E_1 + E_2 = 2E \tag{8.6}$$

mit $E_1 = E_2 = E =$ Energie der Teilchen.

Die Gesamtenergie ist bei Kollisionen in einem Speicherring ungleich größer, als wenn man ein Teilchen mit der Energie E auf ein ruhendes Ziel oder Target schießt. In diesem Fall geht Energie verloren, da ja das Target auch bewegt wird. Es gilt (mit $m =$ Teilchenmasse):

$$E_r = \sqrt{2m(E + m)} \tag{8.7}$$

Da aber $E \gg m$ ist, gilt

$$E_{\text{ges}} \gg E_r \tag{8.8}$$

Die Energien, um die es hier geht, können einige tausend GeV, also einige TeV betragen. Bei CERN erreicht man 14 TeV (Abschn. 10). Derartige Energien sind nur mit supraleitenden Ablenkmagneten beherrschbar, die bis auf 2 K und darunter gekühlt werden. Abb. 10.5 zeigt den Zusammenprall eines Protons mit einem Antiproton in einem Collider-Ring.

Derzeit ist auch ein Collider in Planung, der mit linearer Beschleunigung arbeitet, der International Linear Collider (ILC). Er soll in Japan entstehen und Teilchen mit 500 GeV aufeinanderprallen lassen kann, die auf einer Strecke von 15 km beschleunigt werden.

Übersicht: Geschichte der Teilchenbeschleunigung

Die Tab. 8.1 zeigt die wichtigsten Meilensteine der Geschichte der Teilchenbeschleunigung, wobei die Großforschungseinrichtungen wie CERN (Abschn. 10) und DESY (Abschn. 10) gesondert behandelt werden und hier nicht mit aufgeführt sind.

Stichworte zum Weiterlesen
- Frühgeschichte der Linearbeschleuniger,
- Betatron,
- Synchrotronstrahlung.

Tab. 8.1 Meilensteine der Entwicklungsgeschichte der Teilchenbeschleunigung

Jahr	Initiator	Technologie	Ort	Energie, auf die beschleunigt wird
1924	Gustaf Ising	Konzept für einen Linearbeschleuniger, der mit Driftröhren arbeitet. Die Beschleunigung erfolgt durch hochfrequente Wechselspannung.	Universität Stockholm	
1928	Rolf Wideröe	Erster Linearbeschleuniger für Na^+- und K^+-Ionen	RWTH Aachen	50 keV
1929	Robert J. Van de Graaff	Van-de-Graaff-Generator		
1930	Robert J. Van de Graaff	Erster Van-de-Graaff-Beschleuniger	Princeton	1,5 MeV
1930	J. Cockcroft, E. Walton	Erster elektrostatischer Beschleuniger mit einem Kaskadengenerator für Protonen	Cavendish Laboratory der Universität Cambridge	300 keV

Tab. 8.1 (Fortsetzung)

Jahr	Initiator	Technologie	Ort	Energie, auf die beschleunigt wird
1932	E. O. Lawrence, M. S. Livingston	Bau eines Zyklotrons basierend auf Ideen aus den späten 1920er Jahren (Szilard, Widerōe) zur Beschleunigung von Protonen	University of California, Berkeley	1,25 MeV
1935	M. Steenbeck	erstes Betatron	Siemens-Schuckert-Werke, Berlin	
1938	L. H. Thomas	Fokussierungskonzept für das Zyklotron	Ohio State University, Columbus	
1939	E. O. Lawrence	Erstes größeres Zyklotron für Protonen, Deuteronen und Alphateilchen	University of California, Berkeley	Protonen: 9 MeV; Deuteronen: 19 MeV; Alphateilchen: 35 MeV

Tab. 8.1 (Fortsetzung)

Jahr	Initiator	Technologie	Ort	Energie, auf die beschleunigt wird
1940/ 1941	D. W. Kerst, R. Serber	Erste Beschleunigung von Elektronen in einem Betatron	University of Illinois, Urbana-Champaign	2,5 MeV
1944	E. O. Lawrence	Calutron: Erste Lieferung an das Manhattan-Projekt		
1945/ 1946	L. W. Alvarez	Entwurf eines 200-MHz-Linearbeschleunigers für Protonen	University of California, Berkeley	
1946	F. K. Goward, D. E. Barnes	Erstes Elektronensynchrotron mit einem Betatronmagneten	Woolwich Arsenal Research Laboratory, Großbritannien	

Tab. 8.1 (Fortsetzung)

Jahr	Initiator	Technologie	Ort	Energie, auf die beschleunigt wird
1947	E. L. Ginzton	2,855-GHz Linearbeschleuniger für Elektronen	Stanford	4,5 MeV
frühe 1950er		Linearbeschleuniger		
1953	M. L. Oliphant, J. S. Gooden, G. S. Hyde	Konzept für ein Proton-Synchrotron	University of Birmingham	
1953	W. Paul	Paul'scher HF-Massenfilter; Baubeginn des ersten europäischen Synchrotrons mit starker Fokussierung; Inbetriebnahme 1958	Physikalisches Institut Bonn	

9
Detektoren

Beschleunigt man Teilchen, will man natürlich auch die Ergebnisse der fraglichen Reaktionen beobachten: Man will wissen, wie die Teilchen im elektrischen und im magnetischen Feld abgelenkt werden und was passiert, wenn Teilchen zusammenstoßen. Dazu sind die Detektoren da. In diesem Kapitel werden die unterschiedlichen Detektortypen vorgestellt, während die großen aus Beschleunigern und Detektoren zusammengesetzten Systeme später im Zusammenhang mit den entsprechenden Laboratorien behandelt werden.

Die Detektoren müssen, wenn möglich in Echtzeit, alle Teilchen nachweisen und nach Raum und Zeit vermessen. Zu diesem Zweck wurde eine Vielzahl von Instrumenten entwickelt. Bei der Mehrzahl von ihnen wird das Verhalten geladener Teilchen im elektromagnetischen Feld untersucht. Will man ungeladene Teilchen (z. B. Neutronen) oder Strahlung (z. B. γ-Strahlung) auf diese Weise untersuchen, muss man die Spuren verfolgen, die sie beispielsweise durch Ionisation erzeugen. Aus der Vermessung dieser Spuren in Raum und Zeit kann auf den Impuls, die kinetische Energie und letztlich die Art der verursachenden Teilchen oder Strahlen geschlossen werden.

Fotografischer Film

Photonen (Lichtstrahlen, Röntgenstrahlen) und andere Teilchen lassen sich fotografisch nachweisen, wenn sie in einem Film Silberverbindungen wie Silberbromid oder Silberchlorid in metallisches, undurchsichtiges Silber verwandeln. Diesen Vorgang nennt man Schwärzung. Filme haben in der Regel eine sehr gute Auflösung (< 0,1 mm), enthalten allerdings keine Zeitinformationen und ermöglichen keine schnelle Online-Auswertung.

Detektoren auf Ionisationsbasis

Bei Detektoren auf Ionisationsbasis ist die grundlegende Frage, welche der zu untersuchenden Teilchen welche Teilchen im Detektor ionisieren können. Die Teilchen, für die man sich interessiert, müssen die Ionisierungsenergie mitbringen, die nötig ist, um aus den geeigneten Atomen oder Molekülen im Detektor Ionen zu machen. Die Ionisierungsenergie liegt im Bereich einiger eV (vgl. Tab. 3.1). Die Ionisation wird meist durch einen Stoß verursacht, bei dem ein Elektron herausgeschlagen wird (das auch selbst wieder weitere Atome ionisieren kann).

Nebelkammer

Die Nebelkammer wurde von dem schottischen Physiker Charles T. R. Wilson (1869–1959) erfunden (Abb. 9.1). Der Unterdruck bei der plötzlichen Expansion einer mit Wasserdampf gesättigten Atmosphäre führt zur Entstehung

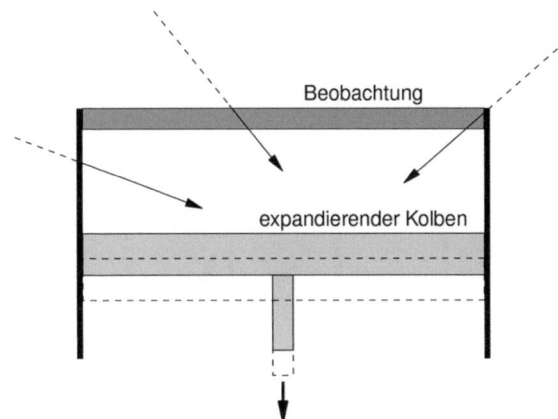

Abb. 9.1 Wilson'sche Nebelkammer im Längsschnitt: Die dunkel gerasterte Fläche stellt eine Glasscheibe dar, durch die die Teilchenspuren (*Pfeile*) beobachtet werden können. Der Kolben kann nach unten bewegt werden und erzeugt dabei einen Unterdruck. Aus Osterhage (2012)

von übersättigtem Wasserdampf. Beim Fehlen von Kondensationskernen, also z. B. von Ionen, kann die Übersättigung bis 800 % betragen. Durchquert nun ein Teilchen diesen Raum, erzeugt es auf seiner Bahn Ionen. An diesen Ionen kondensieren Wassertröpfchen, sodass die Bahn des Teilchens dem Beobachter als Nebelspur erscheint.

Blasenkammer
Für energiereiche Teilchen benutzt man eine Blasenkammer. Dabei handelt es sich um einen Tank, der beispielsweise flüssigen Wasserstoff enthält, der knapp unter dem kritischen Punkt bei 33 Kelvin gehalten wird. Auch hier ändert sich der Zustand der Flüssigkeit, wenn plötzlich der

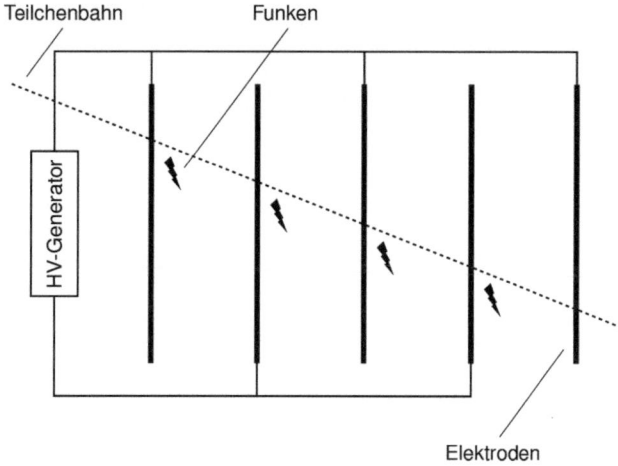

Abb. 9.2 Funkenkammer

Druck erniedrigt wird, und längs der Bahn eines ionisierenden Teilchens entstehen Dampfbläschen. Diese Bahn kann dann wie bei der Nebelkammer fotografiert und ausgewertet werden.

Funkenkammer
Auch die Funkenkammer beruht darauf, die Spuren von Ionisierung zu registrieren. Sie besteht aus einer Anordnung vieler in Serie geschalteter Elektroden. Diese sind durch einen HV-Generator (High-Voltage) bis knapp unter die Durchbruchsspannung geladen (Abb. 9.2). Die Durchbruchsspannung oder Durchschlagsfestigkeit hat Werte zwischen 3 kV/mm (Luft) und 40 kV/mm (Hochvakuum). Fliegt nun ein ionisierendes Teilchen durch diese Anord-

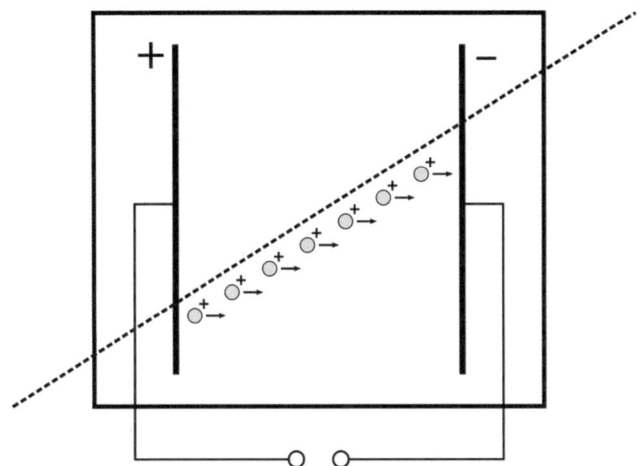

Abb. 9.3 Ionisationskammer

nung, so verursacht es Funkendurchbrüche, die fotografiert werden können.

Ionisationskammer
Eine Ionisationskammer ist ein mit Gas gefülltes Rohr oder sonstiges Behältnis, in das radioaktive Strahlung (α, β, γ) eindringen kann. Dabei wird wieder das Gas ionisiert, wobei auch freie Elektronen entstehen. In der Ionisationskammer wird ein elektrisches Feld zwischen einer Anode (+) und einer Kathode (−) aufgebaut (Abb. 9.3). Die Ionen bewegen sich je nach Ladung zur Anode oder Kathode und erzeugen dort einen messbaren elektrischen Impuls. Die Anzahl gemessener Impulse pro Zeiteinheit ergibt ein Maß für die Dosis der auftreffenden Strahlung. Die Art des Gases (z. B. Argon), die Feldstärke und der Druck werden ent-

sprechend der Objekte, die man beobachten will und der Energie, die man erwartet, gewählt. Eine Sonderform bildet der Gas-Szintillator, der weiter unten behandelt wird.

Ionisationskammern werden in der Dosimetrie im Strahlenschutz eingesetzt oder bei speziellen Experimenten, um z. B. die exakte Lage eines Teilchenstrahls zu lokalisieren.

Das Geiger-Müller-Zählrohr ist nach Hans Geiger (1882–1945), der das Gerät schon 1913 konzipierte, und seinem Assistenten Walther Müller (1905–1979) benannt. In ihm bewirken die ionisierenden Teilchen eine Gasentladung, also eine Lawine von Elektronen, die als Impuls gemessen wird.

Drahtkammer

Die Drahtkammer registriert wieder wie alle bisher genannten Instrumente das Eintreffen ionisierender Strahlung. Sie gibt darüber hinaus aber auch Ortsinformationen. Außerdem lassen sich die gewonnenen Daten bei ihr direkt elektronisch auswerten, während das beispielsweise bei der Nebelkammer nicht möglich ist, da man die Ergebnisse nur über den Umweg der Analyse von Fotoaufnahmen erhält. Abb. 9.4 zeigt den schematischen Aufbau einer Drahtkammer.

Auch eine Drahtkammer ist mit einem Gas gefüllt, beispielsweise mit einem Gemisch von Argon als Hauptkomponente und einer Zumischung von z. B. CO_2. In ihrem Inneren sind zwischen zwei leitenden negativ geladenen Platten Drähte platziert, die als Anoden dienen. Dringt nun ein Teilchen in die Kammer ein, werden zunächst – wie in anderen Zählern auch – auf dem Weg des Teilchens Gasatome oder -moleküle ionisiert. Dadurch wird ein elektrischer

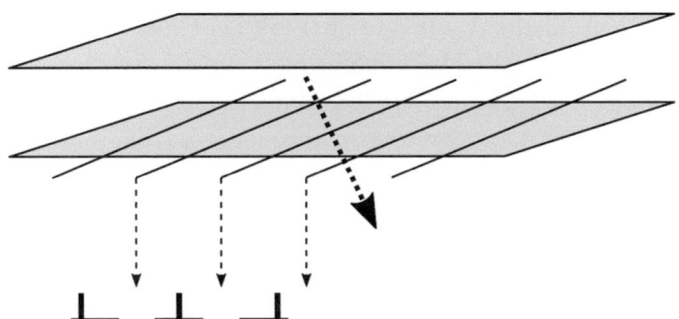

Abb. 9.4 Drahtkammer mit Drähten und zwei Kathodenplatten

Impuls zwischen dem nächstliegenden Draht und der Kathode erzeugt. Der Impuls wird über die Anode, also den Draht, weitergeleitet, wodurch sich der Ort des Verursachers der Ionisation herleiten lässt. Jeder dieser Drähte liefert für sich einen elektrischen Impuls, der einzeln weiter verarbeitet werden kann. Diese Methode lässt sich noch auf verschiedene Art verfeinern:

1. Aufteilung der Kathode in schmale Streifen und Bestimmung des nächsten Kreuzungspunktes
2. Überlagerung von zwei Drahtkammern im 90°-Winkel
3. Überlagerung von mehreren Drahtkonfigurationen, um dreidimensionale Ortsinformationen zu erhalten.

Mit Hilfe von Drahtkammern kann man die Flugbahn eines Teilchens bestimmen und aus ihr auf die Art des Teilchens und seine Energie schließen.

Der im damaligen Polen geborene französische Physiker Georges Charpac (1924–2010), der 1943–1945 im KZ

Dachau inhaftiert war und ab 1959 bei CERN arbeitete, erhielt 1992 den Physik-Nobelpreis für die Entwicklung derartiger Detektoren für Experimente mit Elementarteilchen.

Driftkammer
In einer Driftkammer – auch Spurendriftkammer genannt – bewegen sich die Elektronen von ihrem Entstehungsort, also dem Ort der Ionisation, mit einer bestimmten Geschwindigkeit auf die Anodenkonfiguration zu. Driftkammern sind Drahtkammern, die so ausgelegt sind, dass man die Elektronengeschwindigkeit bestimmen kann. Über diese Zusatzinformation lässt sich die Teilchenbahn mit hoher Präzision ermitteln.

Zur Bestimmung des Impulses eines Teilchens legt man ein Magnetfeld senkrecht zur Bewegungsrichtung der Teilchen an. Das Teilchen beschreibt dann eine Kreisbahn, und der Impuls ergibt sich aus dem Radius dieser Bahn. Ist die Masse des Teilchens bekannt, kann man aus diesen Informationen auch seine kinetische Energie bestimmen.

Eine Driftkammer kann z. B. ein Hohlzylinder sein, an dessen Enden als Anode jeweils eine Drahtkammer angebracht ist, während die Kathode zentral montiert wird. Dringt nun ein geladenes Teilchen in den mit Gas gefüllten Zylinder ein, findet wieder wie üblich ein Ionisationsprozess statt. Die dabei frei werdenden Elektronen beschleunigen in Richtung der Drahtkammern am Ende des Zylinders, von denen sie registriert werden. Die daraus erhaltenen Informationen liefern zwei Dimensionen der Bahn, die Flugzeit der Elektronen liefert die dritte Dimension.

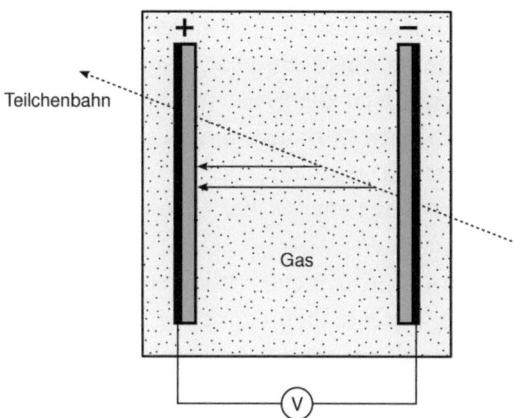

Abb. 9.5 Widerstandsplattenkammer

Eine weitere Sonderausführung ist die Vieldraht-Spurendriftkammer, bei der mehrere Drahtebenen übereinander geschaltet werden. Durch geschickte Spannungsverteilung kann eine solche Anordnung Teilchen mit einer bestimmten Ladung oder einer bestimmten Masse aussortieren, d. h. den Detektor für sie undurchlässig machen.

Widerstandsplattenkammer
Auch die Widerstandsplattenkammer ist ein Ionisationsdetektor, der für Flugzeitexperimente eingesetzt wird. Abb. 9.5 zeigt den schematischen Aufbau.

Das Gas im Detektorkörper einer solchen Kammer wird von zwei Widerstandsplatten aus nichtleitendem Material, z. B. Glas, eingeschlossen. Diese Platten haben auf ihren Außenseiten eine leitende Metallschicht, z. B. Kupfer, aufgetragen, die als Elektrode wirkt. An die beiden Elektroden, die Kathode und die Anode, wird nun eine elektrische Spannung angelegt, wodurch ein elektrisches Driftfeld erzeugt wird. Man kann jetzt die geometrische Konfiguration der Elektroden variieren, z. B. indem man sie in Streifen zerlegt und diese Streifen gegeneinander so ausrichtet, dass man den Ort eines Teilchens bei der Durchquerung exakt bestimmen kann.

Das Funktionsprinzip einer Widerstandsplattenkammer entspricht im Wesentlichen dem einer Drahtkammer. Wegen der Verwendung nicht leitender Materialien lässt sich aber ein sehr starkes homogenes elektrisches Feld aufbauen, sodass eine bessere Zeitauflösung erreicht wird. Ist die Flugstrecke bekannt, lassen sich daraus wieder Geschwindigkeit, Impuls und Masse eines geladenen Teilchens ermitteln.

Bei einer speziellen Variante der Widerstandsplattenkammer unterteilt man das Gasvolumen durch weitere Widerstandsplatten in Untersektionen, um den Bereich der Primärionisation und damit die Driftzeit einzuschränken. Man erhält dadurch Zeitauflösungen bis zu 100 ps (1 Picosekunde = 10^{-12} s).

Halbleiterdetektor

Auch der Halbleiterdetektor basiert auf dem Nachweis ionisierender Strahlung oder geladener Teilchen. In diesem Falle werden aber nicht – wie in Ionisationskammern – freie Elektronen erzeugt, sondern die für Halbleiter typischen Elektron-Loch-Paare, die sich zu den entsprechenden Elektroden hin bewegen. Das Signal kann dann direkt elektronisch verstärkt werden.

Ein Halbleiterdetektor funktioniert nach dem Prinzip einer Diode, an der eine Sperrspannung angelegt ist, sodass zunächst kein Strom fließt. Erst durch die Erzeugung von

Elektron-Loch-Paaren durch ein ionisierendes Teilchen entsteht ein elektrischer Impuls. Halbleiterdetektoren haben eine hohe Empfindlichkeit, was die Ortsbestimmung betrifft.

Theoretisch lassen sich Halbleiterdetektoren für alle Arten von Teilchen einsetzen. Dabei ist allerdings zu beachten, dass zum einen die Eindringtiefe von Geschwindigkeit und Masse und zum anderen die Sekundäreffekte von der Energie der Teilchen abhängen. Mit einem Halbleiterdetektor können durch Sekundärreaktionen (Photoeffekt, Compton-Effekt) auch Photonen (γ-Strahlen) nachgewiesen werden. Über eine Primärreaktion mit dem Atomkern des Detektormaterials können wiederum neutrale Teilchen, deren Reaktionswahrscheinlichkeit gering ist, verfolgt werden.

Der genannten Besonderheiten wegen werden für die jeweils beabsichtigte Messung je nach Teilchenart unterschiedliche Materialien (wie Germanium, Galliumarsenid oder Silizium) und eine Kühlung durch flüssigen Stickstoff eingesetzt.

Strawdetektor
Der Strawdetektor basiert auf den gleichen physikalischen oder technischen Effekten, die wir bisher behandelt haben, zeichnet sich aber durch eine besondere Anordnung von Proportionalzählrohren aus. Wie die Bezeichnung „Straw" schon ausdrückt, sind diese Zählrohre von ihrer Größe her mit Strohhalmen zu vergleichen, die nur einen geringen Durchmesser haben. Ein Strawdetektor kann mehr als 1000 solcher Zählrohre umfassen.

Wegen der geringen Wandstärke der Zählrohre können eintreffende Teilchen viele von ihnen nacheinander ohne nennenswerten Energieverlust passieren. Da jedes Rohr das Teilchen registriert, lässt sich seine Bahn exakt verfolgen und aufzeichnen. Ein weiterer Vorteil einer solchen Anordnung besteht darin, dass schadhafte Zählrohre einfach nur abgeschaltet werden, ohne dass dadurch die Gesamtkonfiguration infrage gestellt wird.

Photomultiplier

Im Deutschen gibt es unterschiedliche Bezeichnungen für einen Photomultiplier: Photonenvervielfacher, Photovervielfacher oder auch Photoelektronenvervielfacher. Photomultiplier sind Geräte, die sehr schwache Signale elektromagnetischer Strahlung (z. B. Licht) verstärken. Wie wir in Abb. 9.6 sehen können, besteht das Gerät aus einer

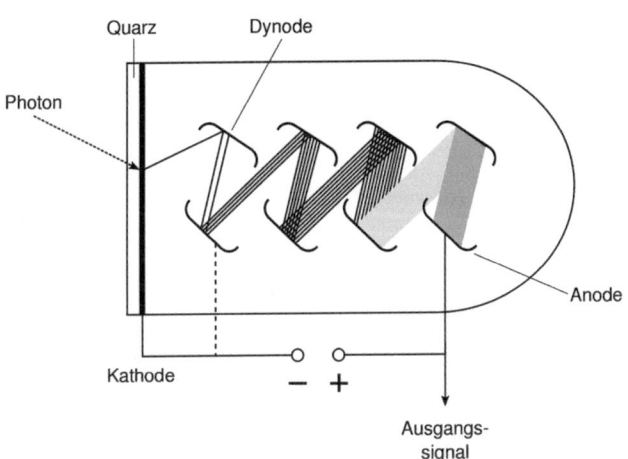

Abb. 9.6 Schematischer Aufbau eines Photomultipliers

luftleeren Glasröhre, in der sich eine Reihe von Elektroden befindet. Die erste Elektrode, auf die die einfallenden Photonen treffen, ist die Kathode. Die Photonen befreien auf ihr über den Photoeffekt Elektronen, die anschließend durch ein elektrisches Feld beschleunigt werden und auf die nachgeschalteten anderen, positiv geladenen Elektroden treffen, die Dynoden genannt werden. Absorbiert eine Dynode ein Elektron, werden aus ihrer Oberfläche mehrere andere Elektronen befreit und emittiert, eine Dynode ist also sowohl Anode wie Kathode. Je nach Beschaffenheit des Photomultipliers kann das Verhältnis dieser Sekundäremissionen zur Primäremission zwischen 3 und 10 liegen, Photomultiplier haben ca. 10 Dynoden, sodass die Verstärkung insgesamt ins Millionenfache geht.

Die auf dem Weg über die Dynoden exponentiell anwachsende Kaskade von Elektronen landet zuletzt auf der Anode. Von dort wird ein elektrisches Signal an die Elektronik weitergegeben und verarbeitet.

Photomultiplier werden eingesetzt, um Szintillationssignale zu erkennen, aber auch zusammen mit Tscherenkow-Detektoren, beispielsweise in Neutrino-Experimenten.

Szintillation, Hodoskop

Unter Szintillation versteht man die Anregung von Atomen oder Molekülen durch Strahlung oder Teilchen und die darauf folgende Wiederabgabe der aufgenommenen Energie in Form von sichtbarem oder UV-Licht. Die Materialien, die diesen Effekt zeigen, reichen von anorganischen Kristallen

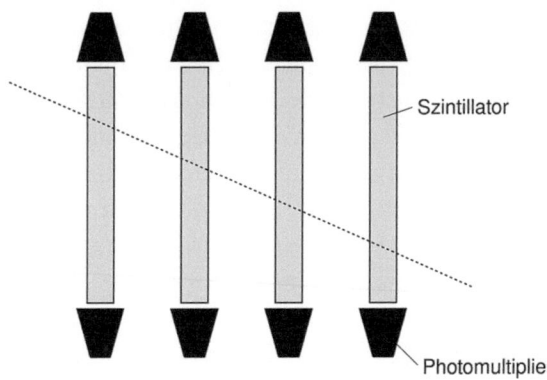

Abb. 9.7 Einfaches Hodoskop mit Szintillatorplatten und angeflanschten Photomultipliern. Die Teilchenbahn ergibt sich aus der zeitlichen Folge der Detektorsignale

wie Natriumiodid bis zu organischen Kristallen, Flüssigkeiten und polymeren Kunststoffen.

Als Hodoskop (von griech. οδος = Weg) bezeichnet man ein Ensemble von Szintillationsdetektoren, die so geschaltet sind, dass man den exakten Weg eines eindringenden Teilchens nachvollziehen kann. Es kann sich dabei (Abb. 9.7) beispielsweise um eine Kombination von mehreren Szintillationsdetektoren handeln, die von Photomultipliern überwacht werden.

Tscherenkow-Detektoren

Tscherenkow-Strahlung
Tscherenkow-Detektoren unterscheiden sich grundsätzlich von den vorgestellten Ionisationszählern. Sie beruhen

auf der Tscherenkow-Strahlung, die nach dem russischen Physiker Pawel Alexejewitsch Tscherenkow (1904–1990) benannt ist. Sie tritt auf, wenn sich geladene Teilchen mit hoher Geschwindigkeit durch ein nicht leitendes Medium, z. B. Wasser, bewegen. Elektromagnetische Wellen breiten sich in einem Medium mit einer spezifischen Phasengeschwindigkeit aus, die geringer als die Lichtgeschwindigkeit im Vakuum ist. Abhängig vom Brechungsindex beträgt die Lichtgeschwindigkeit in Glas beispielsweise nur gut 50 % der Lichtgeschwindigkeit im Vakuum, in Wasser 75 % und in Luft 99,97 %.

Ist die Geschwindigkeit der Teilchen nun größer als diese Phasengeschwindigkeit, geschieht Folgendes: Die Teilchen polarisieren auf ihrer Flugbahn die Atome des Mediums, und es entstehen elektromagnetische Wellen. Bei niedrigen Geschwindigkeiten würden sich diese Wellen durch destruktive Interferenz gegenseitig auslöschen. Da sich aber nach unserer Annahme die Teilchen in diesem spezifischen Medium schneller bewegen als das Licht in ihm, entstehen immer neue elektromagnetische Wellen, die sich in einer kegelförmigen Front fortbewegen. Diese Tscherenkow-Strahlung erscheint im Wasser als bläuliches Licht. Der Kegel ist das optische Analogon zum Mach'schen Kegel beim Durchbrechen der Schallmauer: Hier bewegt sich die Schallquelle mit Überschallgeschwindigkeit.

Tscherenkow-Detektoren
Tscherenkow-Detektoren nutzen Medien wie Glas oder Wasser und sind meist mit den erwähnten Photomultipliern zusammengeschaltet. Sie werden außer in der Hochenergiephysik besonders bei astrophysikalischen Beobachtungen

Tab. 9.1 Neutrino-Experimente mit Tscherenkow-Detektoren. Nach „Liste der Neutrinoexperimente", https://de.wikipedia.org/wiki/Liste_der_Neutrinoexperimente

Experiment	Detektormaterial, Anmerkungen	Abschirmung	Forschungsgegenstand
ICARUS (Imaging Cosmic And Rare Underground Signals), Gran Sasso, Italien	760 to flüssiges Argon	unter 1400 m Fels	solare und atmosphärische Neutrinos, sowie ν_e, ν_μ, ν_τ von CERN
Kamiokande (Kamioka Nucleon Decay Experiment), Kamioka, Japan	3000 to hochreines Wasser; 1.000 Photomultiplier	ca. 1000 m unter der Erde	solare und atmosphärische ν_e
Super-Kamiokande, Kamioka, Japan	50.000 to hochreines Wasser; 11.200 Photomultiplier	ca. 1000 m unter der Erde	solare und atmosphärische ν_e, ν_μ, ν_τ
Hyper-Kamiokande, Kamioka, Japan	ca. 1 Million to Wasser	geplant; Baubeginn 2018, Beobachtungen ab 2025	

Tab. 9.1 (Fortsetzung)

Experiment	Detektormaterial, Anmerkungen	Abschirmung	Forschungsgegenstand
SNO (Sudbury Neutrino Observatory), Sudbury-Nickelmine, Kanada	1.000 to D_2O	2000 m unter der Erde	solare und atmosphärische ν_e, ν_μ, ν_τ
UNO (Underground Nucleon Decay and Neutrino Observation), Henderson-Molybdänmine, bei Denver, USA	440.000 to Wasser		solare, atmosphärische und Reaktor- ν_e, ν_μ, ν_τ
IceCube der University of Wisconsin, Madison; Amundsen-Scott-Südpolstation,	1 km^3 Eis	ca. 1500–2500 m unter Eis	atmosphärische und kosmische ν_e, ν_μ, ν_τ, eventuell weitere
ANTARES (Astronomy with a Neutrino Telescope and Abyss environmental Research), ca. 30 km vor Toulon im Mittelmeer, Frankreich	H_2O	2500 m unter der Meeresoberfläche	kosmische ν_μ

eingesetzt. Sie können in großen Dimensionen gebaut werden, was besonders für Neutrino-Experimente wichtig ist, da Neutrinos nur sehr schwach mit anderen Teilchen reagieren und daher große Mengen von Auffangmaterial nötig sind. Um die Detektoren von der störenden kosmischen Hintergrundstrahlung weitestgehend abzuschirmen, platziert man sie z. B. in stillgelegten Bergwerken oder im ewigen Eis der Antarktis. Tab. 9.1 zeigt die wichtigsten Neutrino-Experimente, bei denen Tscherenkow-Detektoren genutzt werden.

Kalorimeter

Ein Kalorimeter ist ein Detektor oder Bestandteil eines Detektorensembles, in dem ein Teilchen abgebremst wird, um auf diesem Wege die Gesamtenergie des Teilchens zu messen (Abb. 9.8). Man unterscheidet elektromagnetische und hadronische Kalorimeter je nach der Wechselwirkung, über die die Teilchen identifiziert werden sollen. Beide Arten von Kalorimetern haben meist eine Sandwichstruktur.

Der in der Abb. 9.8 dargestellte COMPASS-Detektor enthält ein Kalorimeter, das einem Hodoskop vorgeschaltet ist. Kalorimeter sind Detektoren oder Bestandteile eines Detektorensembles, in dem ein Teilchen abgebremst wird, um auf diesem Wege die Gesamtenergie des Teilchens zu messen. Bei der Abbremsung setzt das eindringende Teilchen Sekundärteilchen frei und diese wiederum weitere Teilchen, sodass eine Kaskade entsteht – solange, bis die ursprüngliche kinetische Energie des Primärteilchens erschöpft ist. Man unterscheidet elektromagnetische und

9 Detektoren **169**

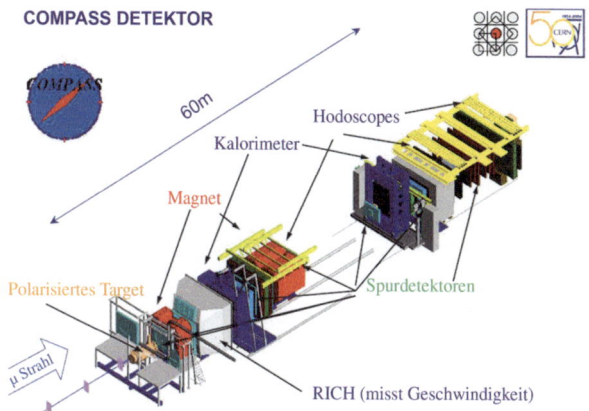

Abb. 9.8 Die Abbildung zeigt ein Kalorimeter innerhalb des Detektoren-Ensembles COMPASS (Common Muon Proton Apparatus for Structure and Spectroscopy) mit RICH (Ring-imaging Cherenkov Detector) am LHC bei CERN. © CERN

hadronische Kalorimeter je nach der Wechselwirkung, über die die Teilchen identifiziert werden sollen. Beide Arten von Kalorimetern haben meistens eine Sandwichstruktur.

Elektromagnetische Kalorimeter
Elektromagnetische Kalorimeter dienen im Wesentlichen dem Nachweis von Elektronen oder Positronen. Das Sandwich besteht bei elektromagnetischen Kalorimetern aus abwechselnden Schichten von Absorbern und Auslesematerial. Im Absorber werden die einfliegenden Teilchen abgebremst, wobei Bremsstrahlung generiert wird. Diese Bremsstrahlung erzeugt ihrerseits Elektron-Positron-Paare, die dann ihre Energie wieder als neue Bremsstrahlung abgeben. Der Prozess geht solange weiter, bis über eine solche

Kaskade die gesamte Energie eines eingeflogenen Teilchens bis auf eine energetische Untergrenze umgesetzt worden ist.

Zwischen den Absorberschichten befindet sich Auslese- oder Detektionsmaterial, z. B. Szintillatoren, die die verbleibende Ionisierungsenergie der Elektronen mit einer genauen Ortsbestimmung messen.

Hadronische Kalorimeter
Wie der Name schon sagt, erfolgt in einem hadronischen Kalorimeter die Reaktion eines Teilchens über die starke Wechselwirkung. Auch hier ist das Gerät in Schichten aufgebaut, es kommen aber andere Materialien zum Einsatz. Beim hadronischen Kalorimeter wechseln Nachweisschichten mit reinen Bremsschichten ab. Da Hadronen Szintillatormaterial fast reaktionslos durchdringen, erfolgt deren Nachweis über Sekundärteilchen. Bei den Reaktionen werden entweder wieder neue Hadronen erzeugt oder aber Leptonen, die in den entsprechenden Szintillationsschichten nachgewiesen werden.

Tab. 9.2 verzeichnet einige Kalorimeter, die im Einsatz sind.

Tab. 9.2 Kalorimeter

Kalorimetermaterial	Einsatzort
Elektromagnetische Kalorimeter (E-Cal)	
Bleiglas	CERN OPAL
Blei/Proportionalkammern	CERN ALEPH
Blei/Bleiglas/Phototrioden	CERN DELPHI
Halbleiter	Laboratori Nazionali del Gran Sasso
Blei/Flüssig-Argon/Szintillationsfasern	DESY H1
Uran/Flüssig-Argon	FermiLab D0
Blei/Plastik-Szintillator	FermiLab CDF
CsI(Ti)-Kristalle	ELSA Crystal Barrel
Hadronische Kalorimeter (H-Cal)	
Messing/Plastik-Szintillator	CERN CMS
Fe-Absorber/Szintillator	CERN ATLAS
szintillierende Kacheln/Silizium-Photodetektoren	FermiLab ILC
Uran/Plastik-Szintillator	DESY Zeus

10
Die großen Laboratorien

In diesem Kapitel werden einige Beispiele von Institutionen betrachtet, die sich seit vielen Jahren mit Hochenergiephysik und Elementarteilchenforschung beschäftigen und in denen die besprochenen Beschleuniger, Detektoren und sonstigen Apparaturen zusammengefügt wurden, um die Grundfragen der Elementarteilchenphysik, der Quantentheorie und der Kosmologie zu beantworten.

Zu den großen Laboratorien gehören CERN, DESY, GSI, das Stanford Linear Accelerator Laboratory, das FermiLab und ELSA vom Physikalischen Institut der Universität Bonn.

CERN

Der erste Vorschlag für die Gründung eines europäischen Großforschungszentrums wurde am 9. Dezember 1949 auf der European Cultural Conference von dem französischen Physiker Louis de Broglie gemacht, der zusammen mit anderen namhaften europäischen Physikern diese Vision entwickelt hatte. Dabei ging es allerdings zunächst nur um Kernphysik – im Anschluss an Forschungen in Verbindung mit dem Bau der ersten Atombombe und den Möglichkeiten der Nutzung von Kernenergie für friedliche Zwecke.

174 Wie man Elementarteilchen entdeckt

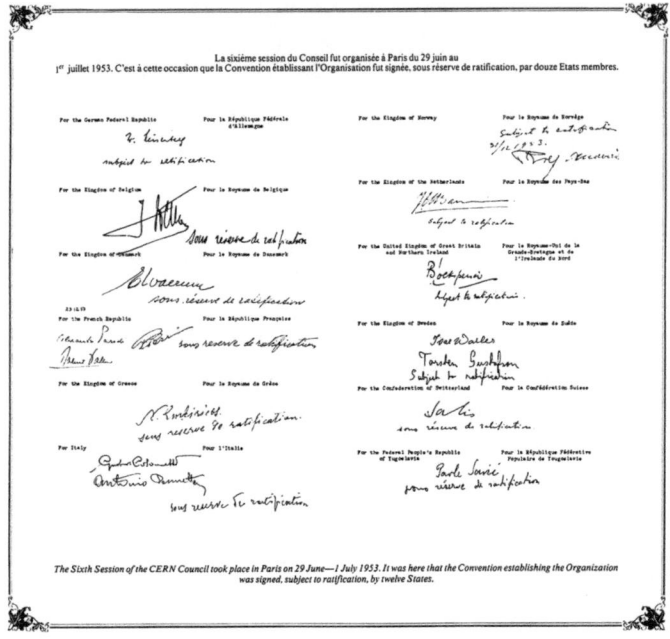

Abb. 10.1 Unterschriften unter dem Gründungsdokument von CERN. © CERN

Der nächste Schritt folgte auf einer UNESCO-Zusammenkunft Ende 1951, die eine Resolution für die Gründung eines Europäischen Rates für Kernforschung verfasste, des Conseil Européen pour la Recherche Nucléaire oder CERN. Erst Mitte 1953 – auf der sechsten Sitzung des Rates – wurde die endgültige Konvention beschlossen, und erst nachdem sie im September 1954 von allen 12 Mitgliedsstaaten ratifiziert worden war, existierte das CERN offiziell. Die Unterzeichnerstaaten waren Belgien, Dänemark, Bundesre-

Abb. 10.2 Erster Spatenstich in der Nähe von Genf in der Schweiz unter den wachsamen Augen von Mitgliedern der CERN-Mannschaft. © CERN

publik Deutschland, Griechenland, Italien, Frankreich, die Niederlande, Norwegen, Schweden, die Schweiz, das Vereinigte Königreich und Jugoslawien (Abb. 10.1). Als Standort wurde Genf gewählt, wo am 6. Mai 1954 der erste Spatenstich getan wurde (Abb. 10.2). Das CERN ist also eine Dachorganisation, die technische Einrichtungen wie den LHC betreibt. Inzwischen sind 21 Staaten Mitglied.

Zum fünfzigsten Geburtstag 2004 bekam CERN als Geschenk von der Schweiz ein neues Besucherzentrum – den Globe of Science und Innovation (Abb. 10.3).

Abb. 10.3 Globe of Science and Innovation. © CERN

Geschichte: Bau, Experimente, Forschungsfelder

Das CERN begann seinen Betrieb im Jahre 1957 mit einem Synchrocyclotron-Beschleuniger (SC) für Protonen mit 600 MeV Strahlenergie (Abb. 10.6), der bis 1990 seine Dienste leistete. Zwei Jahre später, 1959, nahm das Proton Synchrotron (PS) mit 28 GeV Strahlenergie seinen Betrieb auf. Es leistet auch heute noch als Vorbeschleuniger für den LHC, der weiter unten gesondert beschrieben wird, gute Dienste. Der Aufbau von Protonenspeicherringen (Intersecting Storage Rings, ISR) begann im Jahre 1965.

Gargamelle (Gargamelle ist eine Riesin in François Rabelais' Roman *Gargantua*) und BEBC (Big European Bubble Chamber), zwei große Blasenkammern zur Untersuchung

Abb. 10.4 Blick in den unterirdischen Tunnel, in dem zuerst der Large Electron Positron Collider (LEP) und dann der Large Hadron Collider (LHC) aufgebaut wurden. © CERN

von Neutrinoreaktionen, gingen 1970 online. Mit Hilfe von Gargamelle gelang zwei Jahre später die Entdeckung der sogenannten Z^0-Bosonen, die zu den Austauschteilchen der schwachen Wechselwirkung gehören. Das SPS (Super Proton Synchrotron), ein weiterer Beschleuniger mit 400 GeV Strahlenergie und einem Bahnumfang von 7 km, wurde 1976 fertiggestellt und diente 1981–1984 als Proton-Antiproton-Collider. Abb. 10.5 zeigt die Aufnahme einer Proton-Antiproton-Kollision in dieser Anlage aus dieser Zeit.

Im Jahre 1989 folgte dann der Vorgänger des LHC, der LEP (Large Electron Proton Collider) mit 100 GeV Strahlenergie und einem neuen Ringtunnel mit 27 km Umfang

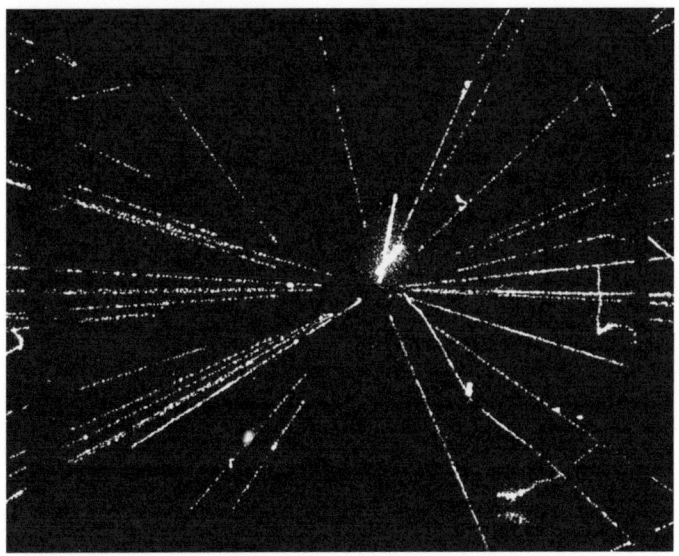

Abb. 10.5 Proton-Antiproton-Kollision in einem Collider-Ring. Man erkennt die vom Wechselwirkungspunkt in der Bildmitte ausgehenden Spuren der Reaktionsprodukte. © CERN

(Abb. 10.4). Dort ließ man Elektronen mit Positronen kollidieren. 1996 nahm der LEAR-Speicherring (Low Energy Antiproton Ring; nicht zu verwechseln mit LEIR) seine Arbeit zur Erzeugung von Antiwasserstoffatomen auf, also von Positronen, die um Antiprotonen „kreisen".

Im sogenannten COMPASS-Experiment (Common Muon Proton Apparatus for Structure and Spectroscopy) am SPS wird seit 2001 die Struktur von Hadronen mit hochenergetischen Myonen- und Hadronenstrahlen untersucht.

Abb. 10.6 CERN Synchrocyclotron. © CERN

Entdeckungen

Tab. 10.1 gibt einen Überblick über die Meilensteine in der Folge der Entdeckungen, die am CERN bis heute (2016) gemacht wurden.

Technik: Komponenten, Geräte

Beschleuniger

Die Beschleuniger werden in Tab. 10.2 noch einmal zusammenfassend in ihrer historischen Reihenfolge vorgestellt. Dabei ist zu beachten, dass viele Maschinen später einen Upgrade erfuhren oder außerhalb ihres ursprünglichen Zwecks neu verwendet wurden, z. B. als Vorbeschleuniger in neuen Konfigurationen.

Tab. 10.1 Die wichtigsten CERN-Experimente

Datum	Entdeckung/Ereignis	Team	Anmerkung
01.09.1965	Erste Beobachtung von Antiatomkernen	Antonio Zichichi	Antideuteron (Antiproton + Antineutron)
27.01.1971	Erste Proton-Proton-Kollision	Kjell Johnson	ISR-Experiment
04.04.1981	Erste Proton-Antiproton-Kollision	Simon van der Meer, Carlo Rubbia	SPS-Experiment
20.01.1983	Entdeckung der W- und Z-Teilchen	Simon van der Meer, Carlo Rubbia	Nobelpreis
11.06.1986	Beginn der Schwerionen-Kollisionsexperimente		Auf der Suche nach den Quarks; weitergeführt unter verbesserten Bedingungen im Jahre 1994 und nochmals im Jahre 2000
15.09.1995	Erste Antiatome produziert	Walter Oelert	Antiwasserstoff

Tab. 10.1 (Fortsetzung)

Datum	Entdeckung/Ereignis	Team	Anmerkung
05.06.2011	Antimateriefalle mit einer Dauer von 1000 s		ATLAS-Detektor
03.12.2011	Erste Anzeichen für das Higgs-Boson		ATLAS- und CMS-Detektoren
04.07.2012	Entdeckung eines neuen Teilchens, welches der Voraussage des Higgs-Bosons entspricht		ATLAS- und CMS-Detektoren, s. a. LHC-Experimente dort.

Tab. 10.2 Beschleuniger am CERN

Bezeichnung	Betrieb von-bis	Energie; Ausmaße	Verwendung	Upgrades; neue Verwendungen
SC (Synchrocyclotron)	11.05.1957– 1990	600 MeV	Kern- und Teilchenphysik	ab 1964 nur noch Kernphysik; ab 1967 Anschlussstelle für ISOLDE; (Abb. 10.6)
PS (Proton Synchrotron)	24.11.1959	28 GeV	Teilchenphysik	ab 1970 nur noch Kernphysik; Anschlussstelle für neuere Maschinen
ISR (Intersecting Storage Rings)	27.01.1971– 1984		Teilchenphysik; Proton-Kollisionen	
SPS (Super Proton Synchrotron)	17.06.1976	400 GeV; Umfang: 7 km	Teilchenphysik; Proton-Kollisionen; Quark-Forschung;	Upgrade 450 GeV; neue Verwendung: LHC-Konfiguration
LEP (Large Electron-Positron Collider)	14.07.1989– 02.11.2000	100 GeV; Umfang: 27 km	Teilchenphysik; Schwache Wechselwirkung	Upgrade 200 GeV

Tab. 10.2 (Fortsetzung)

Bezeichnung	Betrieb von–bis	Energie; Ausmaße	Verwendung	Upgrades; neue Verwendungen
LINAC2	1978–heute	50 MeV	Teilchenphysik; Protonen	Heute als Einspeisemodul für den PSB im LHC-Komplex
LINAC3	1994–heute	4,2 MeV	Teilchenphysik; Blei-Ionen	Heute als Einspeisemodul für den LEIR im LHC-Komplex
LEIR (Low Energy Ion Ring)	1994–heute	72,2 MeV; Umfang: 78 m	Teilchenphysik; Blei-Ionen	Heute als Einspeisemodul für den SPS im LHC-Komplex

Detektoren

Am 17. Januar 1968 wurde die erste Drahtkammer in Betrieb genommen. Sie war von dem in Polen geborenen französischen Physiker Georges Charpak (1924–2010) am CERN entwickelt worden, der dafür 1992 den Nobelpreis für Physik erhielt. Dieser Detektortyp wird heute weltweit in vielen Laboratorien eingesetzt.

Die Beschleunigerlandschaft des CERN wurde lange Zeit von vier großen Detektoren dominiert:

- ALEPH (Apparatus for LEP Physics; Aleph ist zugleich der erste Buchstabe des hebräischen Alphabets) war eine Kombination von Driftkammer und Kalorimeter und wurde später für die LHC-Experimente durch die ATLAS- und CMS-Detektoren abgelöst, die einer ähnlichen Philosophie folgten.
- DELPHI (Detector with Lepton, Photon and Hadron Identification) nutzte die Tscherenkow-Strahlung, wog 3500 Tonnen, bestand aus 20 einzelnen Detektoren und wurde bis 2000 für LEP-Experimente eingesetzt.
- L3 bestand aus einer Kombination von vier separaten Detektoren und wurde von 1989–2000 am LEP eingesetzt. Seine Komponenten waren elektromagnetische und hadronische Kalorimeter und Myon-Detektoren. Mit L3 wurden die Feldquanten der schwachen Wechselwirkung nachgewiesen, die intermediären Bosonen.
- OPAL (Omni-Purpose Apparatus für LEP) war ein weiterer LEP-Detektor, der aus verschiedenen Kalorimeter-Anordnungen bestand und ebenfalls im Jahre 2000 abgeschaltet wurde.

Der LHC am CERN

Das aktuelle Flaggschiff am CERN ist der LHC (Large Hadron Collider). Er wurde 1998–2008 im LEP-Tunnel aufgebaut und ist der mit Abstand größte Teilchenbeschleuniger der Welt. Beim LHC handelt es sich eigentlich um ein ganzes Ensemble von Beschleunigern, Speicherringen und Detektoren. Abb. 10.7 zeigt die gesamte Anlage, Abb. 10.8 ihre Lage an der französisch-schweizerischen Grenze.

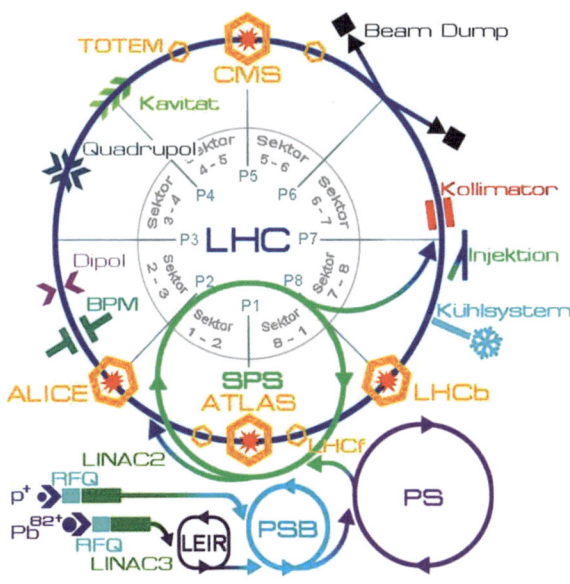

Abb. 10.7 LHC. © CERN

Abb. 10.8 Geografische Lage des LHC. © CERN

Geschichte: Bau, Experimente, Forschungsfelder

Der LHC lässt sich nicht so einfach in die Reihe „gewöhnlicher" Beschleuniger einordnen, als wäre er lediglich ein weiteres „Upgrade" bekannter Technologien. Dazu sind seine Fähigkeiten und seine Mission zu außergewöhnlich. Ohne sich dem Hype um eine „Weltmaschine" anzuschließen, kann man mit Fug und Recht sagen, dass die LHC-Konfiguration bisher einmalig ist. In ihm werden Hadronen auf ultrarelativistische Geschwindigkeiten sehr nahe an c beschleunigt und an vier Stellen zur Kollision gebracht. Im Zentrum der Anlage, die in 75 bis 150 m Tiefe liegt, befindet sich der Hadronen-Speicherring mit 27 km

Länge, der ehemalige LEP. In der Anlage werden entweder Protonen oder Blei-Ionen auf nahezu Lichtgeschwindigkeit und eine Energie von bis zu 7 TeV beschleunigt und in unterschiedlichen Experimenten auf Kollisionskurs mit anderen Teilchen geschickt. Diese Kollisionen werden mit Detektoren in Einfamilienhausgröße aufgezeichnet und auf Superrechnern nach interessanten Ereignissen durchsucht. Die Forschungsschwerpunkte des LHC liegen nicht nur auf Teilgebieten der Elementarteilchenphysik oder der Physik insgesamt, sondern umgreifen Fragen nach dem Ursprung der Materie, der Vereinheitlichung der fundamentalen Wechselwirkung, der Suche nach neuen Arten von Materie und der Bestätigung bestimmter Raum-Zeit-Modelle. Die Suche nach dem viel zitierten Higgs-Boson ist nur eine von vielen seiner Zielsetzungen.

Technik: Komponenten, Geräte

Gesamtsystem

Die Anlage ist so sensibel, das magnetische Korrekturen aufgrund der Gezeiten durch Sonne und Mond vorgenommen werden müssen. Der Energieverbrauch der Anlage ist mit 1000 GWh pro Jahr gewaltig – das entspricht der Hälfte des Stromverbrauchs einer Stadt wie Köln.

In Abb. 10.7 sehen wir links unten die Vorbeschleunigerstrecke mit den beiden Quellen für Protonen (P^+), also Wasserstoff-Ionen, und Blei-Ionen ($Pb\text{-}82^+$). Beide Ionenarten durchlaufen zunächst eine RFQ (Radio-Frequency-Quadrupole-Assembly), das ist ein kurzer Linearbeschleuniger, in dem die jeweiligen Teilchenstrahlen fokussiert und in Pakete unterteilt werden.

Abb. 10.9 LEIR. © CERN

Die Protonen werden dann im LINAC2 (Linear Accelerator) auf 50 MeV beschleunigt, bevor sie in den PSB (Proton Synchrotron Booster), einen Ringbeschleuniger mit 50 m Durchmesser, eingespeist werden. Dort werden sie auf eine Energie von 1,4 GeV gebracht. Durch magnetische Aussteuerung gelangen die Teilchenpakete dann in das PS (Proton-Synchrotron), um dort eine Energie von 25 GeV zu erreichen. Die nächste Station ist das SPS (Super Proton Synchrotron), in dem sie die Injektionsenergie für den großen Speicherring von 450 GeV bei 99,9998 Prozent der Lichtgeschwindigkeit erreichen.

Die Blei-Ionen verlassen ihren RFQ und gelangen in den LINAC3, erreichen dort 4.2 MeV, und kommen von dort in den LEIR (Low Energy Ion Ring; Abb. 10.9) mit einem

Abb. 10.10 ATLAS Barral Toroid. © CERN

Umfang von 78 m, wo sie auf 72.2 MeV beschleunigt werden. Die nun folgende Beschleunigerstrecke ist identisch mit der der Protonen. Die Endenergie vor der Einspeisung in den Speicherring beträgt 177 GeV.

Detektoren
An den Kollisionspunkten befinden sich die Detektoren:

- ATLAS (A Toroidal LHC ApparatuS; Abb. 10.10) enthält den größten supraleitenden Magneten, der jemals gebaut wurde. Er besteht aus acht Spulen, die jeweils 100 Tonnen wiegen und eine Betriebstemperatur von 4,8 Kelvin besitzen.

- CMS (Compact-Muon-Solenoid) hat ähnliche Aufgaben wie ATLAS, besitzt aber eine unterschiedliche Magnetkonstruktion in Form einer Zylinderspule.
- ALICE (A Large Ion Collider Experiment) baut auf L3 auf und soll das Quark-Gluon-Plasma studieren.
- LHCb (*b* steht für Beauty- bzw. Bottom-Quarks) dient der Erforschung der CP-Verletzung, um letztlich die Asymmetrie zwischen Materie und Antimaterie zu erklären.
- LHCf (*f* steht für forward) soll die Vorwärtsstreuung untersuchen.
- TOTEM (Total Elastic and Diffractive Cross Section Measurement) dient der Ermittlung von Streuquerschnitten und beispielsweise der Messung der Größe des Protons.

DESY

DESY steht für Deutsches Elektronen-Synchrotron. Die Anlage gehört zur Helmholtz-Gesellschaft, einer selbständigen Stiftung bürgerlichen Rechts, und dient der naturwissenschaftlichen Grundlagenforschung. Die Standorte sind Hamburg und Zeuthen bei Berlin. DESY beschäftigt sich mit der Entwicklung, dem Bau und dem Betrieb von Teilchenbeschleunigern, mit der Teilchenphysik selbst und speziell mit Photonenexperimenten.

Schon im Jahre 1956 hatten deutsche Forscher am CERN die Idee entwickelt, parallel zu den dortigen großen Protonenbeschleunigern ein vergleichbares Instrument für Elektronen zu schaffen. Hintergrund war die Überlegung, neben internationalen Forschungseinrichtungen wie CERN

10 Die großen Laboratorien

Abb. 10.11 DESY-Versuchsgelände. © DESY/Reimo Schaaf

auch im eigenen Land Wissenschaftlern Arbeitsmöglichkeiten zur physikalischen Grundlagenforschung zu schaffen. Das Ergebnis dieser Überlegungen war DESY. DESY wurde offiziell durch einen Staatsvertrag am 18. Dezember 1959 gegründet.

Man fand in Hamburg-Bahrenfeld ein geeignetes Gelände, einen ehemaligen Exerzierplatz und Militärflughafen. Dort begann man schon 1958 – also noch vor der offiziellen Gründung – mit den ersten Bauarbeiten. Im Jahre 1964 wurde dann der Startschuss für die ersten Experimente gegeben.

DESY steht einmal für die Gesellschaft selbst, aber auch für den ersten Beschleuniger, den sie baute. Im Laufe der Jahre wurden weitere Beschleunigeranlagen mit anderen Namen unter demselben rechtlichen Dach und an denselben Orten gebaut (Abb. 10.11).

Geschichte: Bau, Experimente, Forschungsfelder

Im Jahre 1960 begann der Bau des ersten, namensgebenden Elektronen-Synchrotrons (7,4 GeV), das 1964 in Betrieb genommen wurde. Bis 1976 ging die Teilchenphysikforschung an diesem Beschleuniger ohne Unterbrechung weiter. 1964 begann man, gezielt die sogenannte Synchrotronstrahlung bzw. Bremsstrahlung zu erforschen, die oben diskutiert wurde.

1987 wurden mit DESY II für Elektronen und 1988 mit DESY III für Protonen zwei weitere Synchrotron-Anlagen eingeweiht. Sie dienten später als Vorbeschleuniger für den Ringbeschleuniger HERA (Hadron-Elektron-Ringanlage).

Im Jahr 1974 stieg man in die Speicherringtechnologie ein. Der erste Speicherring war der Doppelringspeicher DORIS (3,5 GeV) mit einem Umfang von 300 m. DORIS wurde für Kollisionsexperimente zwischen Elektronen und Positronen eingesetzt und erfuhr im Jahre 1978 ein Upgrade auf 5 GeV Strahlenergie.

Der Einsatz von DORIS für Teilchenphysikexperimente wurde 1992 beendet. Im Jahre 1975 wurden mit Hilfe von DORIS sogenannte angeregte Charmonium-Zustände aus einem Charm-Quark und seinem Antiteilchen entdeckt. Diese Zustände waren bedeutsam für die Suche nach den schweren Quarks, die im Abschnitt über die Quarkflavors erwähnt wurden. Ein weiterer Meilenstein in dieser Richtung war 1987 die Entdeckung der *B*-Mesonen, welche ihrerseits die Entdeckung des Top-Quarks am Fermilab in den USA vorbereitete.

1978 nahm die 2305 m lange PETRA (Positron-Elektron-Tandemringanlage, 19 GeV) ihre Arbeit auf. Mit PETRA wurden 1979 erstmals Gluonen, die Feldquanten der starken Wechselwirkung, nachgewiesen. PETRA II, das Nachfolgemodell, wurde später ebenfalls als Vorbeschleuniger für HERA genutzt. Seit 2009 ist die Anlage als PETRA III eine der leistungsstärksten Röntgenstrahlungsquellen der Welt.

HERA, die Hadron-Elektron-Ringanlage, besitzt einen Umfang von 6336 m und war von 1990 bis zur Abschaltung im Jahr 2007 der größte deutsche Ringbeschleuniger. Der Tunnel verläuft übrigens unter anderem unter dem Volksparkstadion (von 2013–2015 „Imtech Arena"), wo der HSV seine Heimspiele bestreitet. Die Aufgabe von HERA war die Untersuchung von Proton-Elektron-Kollisionen. Dabei hatten die Elektronen 27,5 GeV und die Protonen 920 GeV Gesamtenergie, was jeweils ultrarelativistische Geschwindigkeiten bedeutete. Die beiden Teilchenstrahlen wurden zur Kollision gebracht und die Reaktionsprodukte wie heute am LHC mit riesigen Detektoren erfasst.

Die Zukunft
Es gibt drei ehrgeizige Zukunftsprojekte, von denen sich die DESY-Wissenschaftler weitere wichtige Aufschlüsse über den Aufbau der Materie, die Vereinigung der Wechselwirkungen und die Zustände kurz nach dem Big Bang erhoffen:

- European XFEL (X-Ray Free-Electron Laser): ein drei Kilometer langer Röntgenlaser, z. Zt. (Anfang 2016) bei DESY in Bau. Der Betrieb soll 2017 beginnen.

- TESLA (TeV-Energy Superconducting Linear Accelerator): geplant als 30 km langer supraleitender Linearbeschleuniger im TeV-Bereich. Dieses Projekt wurde aus Kostengründen zunächst auf Eis gelegt. Der Name TESLA spielt auf die Einheit der Magnetfeldstärke und auf den Ingenieur und Physiker Nikola Tesla an, nach dem die Einheit benannt ist.
- ILC (International Linear Collider): Internationales Großprojekt, dessen Standort noch nicht feststeht (Japan ist im Gespräch), bei dem aber die beim DESY entwickelte TESLA-Technologie zum Einsatz kommen soll.

Bisher ist noch keine Nachnutzung für die HERA-Infrastruktur festgelegt worden. Dies liegt daran, dass sich DESY nach 2007 grundsätzlich neu ausgerichtet hat. Anstelle weiter mit dem letztlich unerreichbaren LHC in Genf zu konkurrieren, konzentriert man sich heute in erster Linie auf die Arbeit mit sogenannten Freie-Elektronen-Lasern. Der im Aufbau befindliche European XFEL soll Laserstrahlung im Röntgenbereich mit bisher unerreichter Intensität und Brillanz liefern und damit die Tradition der Forschung mit Synchrotronstrahlung am DESY auf einer höheren Stufe fortführen.

Entdeckungen

Tab. 10.3 gibt einen Überblick über die wichtigsten Entdeckungen, die bei DESY bis heute gemacht wurden (2016).

Tab. 10.3 Die wichtigsten DESY-Experimente

Datum	Entdeckung/Ereignis	Experiment
1964	Bestätigung der Quantenelektrodynamik	
1965	Erzeugung eines Antiprotons mit Hilfe hochenergetischer γ-Strahlung	
November 1974	Abschätzung der Masse des Top-Quarks	DORIS
1979	Entdeckung des Gluons	PETRA

Technik: Komponenten, Geräte

Beschleuniger

Tab. 10.4 zeigt einen Überblick über die Beschleunigeranlagen am DESY.

Detektoren

- ARGUS war eine Kollaboration zwischen Russland, den USA, Deutschland und Schweden. Es handelte sich dabei um einen so genannten 4π-Detektor, also ein Gerät, mit dem man (fast) alle Ereignisse in einem Winkel von 360° entdecken kann (bei ARGUS 90 % des Gesamtwinkels). Durch die Beobachtung mit Argus von *B*-Mesonen, die ein Bottom-Quark enthalten, und deren spontane Umwandlung in die Antiteilchen im Jahre 1981 wurden wichtige Hinweise auf die Existenz und ungefähre Masse des Top-Quarks gefunden.
- H1 (HERA 1) ist ein Universaldetektor, der 1992–2007 bei Kollisionsexperimenten zwischen Elektronen und Protonen eingesetzt wurde. Es handelt sich dabei um

Tab. 10.4 Beschleuniger am DESY

Bezeichnung	Betrieb von–bis	Energie	Verwendung	Upgrades, neue Verwendungen
DESY (Deutsches Elektronen-Synchrotron)	01.01.1964	7,4 GeV	Teilchenphysik	Upgrade: DESY II 1987 und DESY III 1988, beide ab 1987/88 Vorbeschleuniger für HERA; heute Vorbeschleuniger für PETRA III
DORIS (Doppelring-Speicher)	1974–2013	5 GeV	Teilchenphysik (Kollisionsexperimente zwischen Elektronen und Positronen)	Upgrade: DORIS II und DORIS III. DORIS III ab 1993 Strahlungsquelle für HASYLAB; heute Vorbeschleuniger für PETRA III
PETRA (Positron-Elektron-Tandem-Ring-Anlage)	1978	19 GeV	Teilchenphysik (starke Wechselwirkung)	Upgrade: PETRA II und PETRA III; PETRA II ab 1990 als Vorbeschleuniger für HERA; ab 1995 Synchrotronstrahlungsquelle für HASYLAB

Tab. 10.4 (Fortsetzung)

Bezeichnung	Betrieb von–bis	Energie	Verwendung	Upgrades, neue Verwendungen
HERA (Hadron-Elektron-Ring-Anlage)	1990–2007	Elektronen 27,5 GeV; Protonen 920 GeV	Teilchenphysik (starke Wechselwirkung, Quarks)	
FLASH (Freier Elektronen-Laser in Hamburg)	2000	5 GW	Linearbeschleuniger als Testumgebung für Weiterentwicklungen (XFEL)	Upgrade: FLASH II 2014; (Abb. 10.12)

Abb. 10.12 FLASH. © DESY/Dirk Nölle

eine Kombination von Drahtkammern, sowie einem elektromagnetischem und einem hadronischen Kalorimeter. Ziel war es, mit diesem Detektor die innere Struktur des Protons in hoher Auflösung zu erforschen.

- ZEUS war ähnlich aufgebaut wir H1, war in Betrieb von 1995 bis 2007, befand sich aber auf der gegenüberliegenden Seite von H1. ZEUS und H1 ergänzten sich und überprüften sich gegenseitig bei denselben Experimenten.
- HERMES wurde 1995–2007 zusammen mit der HERA-Anlage genutzt, um die Spinstruktur von Protonen zu bestimmen. Es handelte sich dabei um ein Target aus polarisiertem Wasserstoff. Dabei geben die an diesem Target gestreuten Elektronen Hinweise auf die gesuchte

Spinstruktur. Beim HERA-*B*-Experiment wurde eine Kombination von Halbleiter-(Vertex-)Detektoren, einem Kalorimeter sowie Tscherenkow-Zählern eingesetzt. Vorrangiges Ziel war die Beobachtung von CP-Verletzungen beim Zerfall von *B*-Mesonen.

- HASYLAB (Hamburger Synchrotronstrahlungslabor) ist im eigentlichen Sinn kein Detektor, sondern ein Labor mit vielen Messplätzen, in denen man Synchrotronstrahlung aus unterschiedlichen Quellen nutzen kann. Jährlich kommen mehr als 2000 Wissenschaftler aus 35 Ländern nach Hamburg, um an den HASYLAB-Einrichtungen zu forschen.
- AMANDA (Antarctic Muon And Neutrino Detector Array) befindet sich nicht in Hamburg, sondern am Südpol und dient als Neutrinoteleskop.

GSI

Die Gesellschaft für Schwerionenforschung, GSI, wurde 1969 gegründet, heute heißt sie GSI Helmholtzzentrum für Schwerionenforschung GmbH. Die Forschungseinrichtung befindet sich in Darmstadt. Die Eigentümer teilen sich wie folgt auf: Bund zu 90 %, Land Hessen zu 8 %, Land Rheinland-Pfalz 1 % und Freistaat Thüringen zu 1 %.

Geschichte: Bau, Experimente, Forschungsfelder

Bereits ein Jahr nach der Gründung nahm die GSI an der Arbeitsgemeinschaft für Großforschungseinrichtungen (AGF) teil. Die ersten Schwerionen wurden dann im Jahre 1975 durch den Linearbeschleuniger UNILAC beschleunigt. UNILAC geht auf Konzepten aus den 1960er Jahren des ehemaligen Geschäftsführers der GSI, Christoph Schmelzer, zurück. Mithilfe dieses Großgerätes wurden zwischen 1981 und 2010 sechs neue Transurane mit den Ordnungszahlen 107 bis 112 entdeckt bzw. erzeugt. Dieser Forschungszweig dient dazu, Kenntnisse über die Regionen von Stabilität schwerer Kern zu erweitern (es gibt ein „Tal der Stabilität" auf der Nuklid-Karte, in dem sich stabile Isotope aufhalten; man wollte herausfinden, ob sich diese Regionen nach oben erweitern lassen).

Im Jahre 1974 wurde eine Kooperation mit der Universität in Berkeley (Kalifornien) angebahnt, um erweiterte Forschungsfelder auszuloten. Daraus entstanden schließlich Konzept und Bau des Ringbeschleunigers SIS-18, der 1990 in Betrieb genommen wurde – gleichzeitig mit dem Speicherring ESR. Ab 1997 entstand aus dem Zusammenwirken des UNILAC mit dem SIS-18 eine Therapie-Anlage zur Behandlung von Krebserkrankungen durch Bestrahlung mit Kohlestoff-Ionen.

Ein weiterer wichtiger Meilenstein war der Projektstart 2007 zum Bau der FAIR-Beschleunigeranlage, an der acht weitere Staaten beteiligt sind.

Abb. 10.13 zeigt die gegenwärtige Experimentieranlage bei der GSI. Die Hauptkomponenten sind:

- Ionenquellen,
- der Linearbeschleuniger UNILAC (Universal Linear Accelerator)
- der Ringbeschleuniger SIS18 (Schwerionensynchrotron)

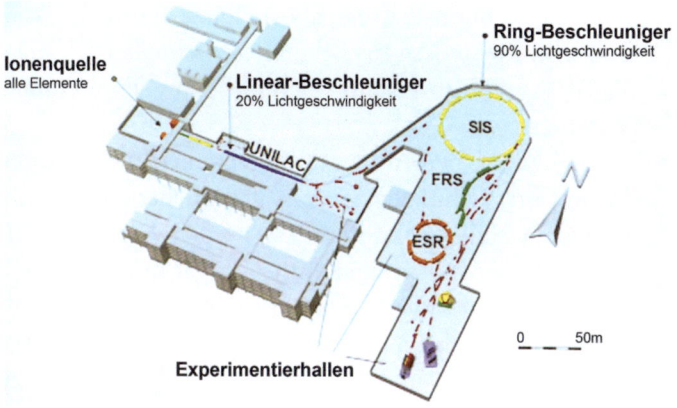

Abb. 10.13 Experimentieranlage bei der GSI. © GSI Helmholtzzentrum für Schwerionenforschung

- der Speicherring ESR (Experimentierspeicherring) und
- der Fragmentseparator FRS.

Aktuelle Projekte

Das aktuelle Forschungsprogramm reicht von der Festkörperphysik bis hin zur Untersuchung der kleinsten Bausteine der Materie, der Quarks, und überdeckt alle dazwischen liegenden Erscheinungsformen. Im Einzelnen umfassen die Forschungen derzeit:

- Kern- und Teilchenphysik: Die Erzeugung extrem schwerer oder exotischer Elemente geht weiter. Hierbei werden Isotope erzeugt, die extrem hohe Protonen- oder Neutronenzahlen besitzen, um weitere Aufschlüsse über Kernstrukturen zu erhalten. Parallel dazu laufen Untersuchungen über extrem dichte oder heiße Materie, wozu auch das Quark-Gluon-Plasma gehört. Diese Form der Materie wird theoretisch für Sekundenbruchteile nach dem Big Bang sowie im Verlauf von Super-Nova-Explosionen postuliert.

- Atomphysik: Überprüfung der Quantenelektrodynamik durch Untersuchungen wasserstoffähnlicher Atome mit nur einem Hüllenelektron
- Plasmaphysik: Indem man ein Gastarget mit intensiven Ionenstrahlen beschießt, erhält man sehr heiße und dichte Plasmen. Auch hier versucht man Vorgänge in Sternen nachzustellen und Erkenntnisse über deren Ablauf (Stern-Lebenszyklus) zu gewinnen.
- Biophysik und Medizin: Wie bereits erwähnt, wurden Methoden entwickelt, Krebstumore durch Beschuss mit energiereichen Kohlenstoff-Ionen zu heilen. Dabei handelte es sich um Hirntumore von Patienten, die für Therapien durch andere Methoden nicht zugänglich waren. Nach diesem Pilotprojekt, das bis 2008 dauerte, sind die dabei entwickelten strahlenbiologischen Methoden mittlerweile im klinischen Betrieb am Heidelberger Ionenstrahl-Therapie-Zentrum im Einsatz.
- Festkörperphysik: Durch Ionenbeschuss lassen sich die Eigenschaften von bestimmten Werkstoffen verändern. Dadurch ergeben sich Möglichkeiten, gezielt Werkstoffe mit gewünschten Eigenschaften zu entwickeln.

Die Zukunft
In Planung befindet sich die internationale Beschleunigeranlage FAIR (Facility for Antiproton and Ion Research), ein Projekt, an dem insgesamt neun Staaten (Deutschland,

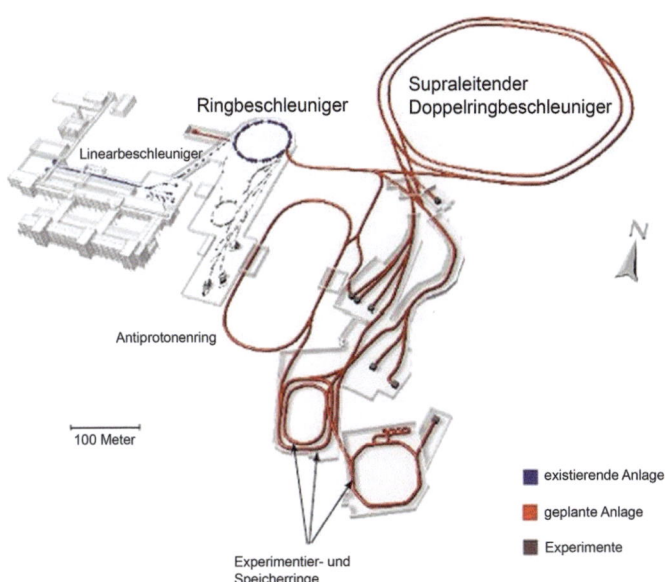

Abb. 10.14 FAIR. © GSI Helmholtzzentrum für Schwerionenforschung

Finnland, Frankreich, Indien, Polen, Russland, Rumänien, Slowenien, Schweden) beteiligt sind. Auch hier soll es wieder um den Aufbau der Materie und die Entstehung des Universums gehen. In diese Anlage werden die bereits bestehenden Systeme als Vorbeschleunigerstrecke integriert (Abb. 10.14).

Die wichtigste Komponente ist der Doppelspeicherring SIS 100/300 (Schwerionen-Synchrotron) mit einem Umfang von 1100 m, der in 17 m Tiefe liegt. Die Bezeichnungen der übrigen Komponenten bedeuten:

- HESR (High Energy Storage Ring),
- RESR/CR (Recycled Experimental Storage Ring/Collector Ring),
- NESR (New Experimental Storage Ring),
- FLAIR (Facility for Low Energy Antiproton and Ion Research),
- CBM (Compressed Baryonic Matter).

Es würde an dieser Stelle zu weit führen, die geplante FAIR-Anlage und ihre Komponenten im Detail zu beschreiben. Die GSI stellt diese Informationen in ausführlicher Form auf ihrer Webpage www.gsi.de zur Verfügung, vgl. auch www.fair-center.de.

Entdeckungen

Die Aufgabe des Forschungszentrums ist – wie der Name schon sagt – die Erforschung schwerer Ionen unter Zuhilfenahme von geeigneten Teilchenbeschleunigern. Das geschieht in Kooperation mit nationalen und internationalen Wissenschaftlern und Institutionen.

Weitere Transurane wurden inzwischen u. a. vom russischen JINR (Joint Institute for Nuclear Research) in Dubna erzeugt (Tab. 10.5). Die Reihe reicht von (vorläufige Namen) Ununtrium (mit der Ordnungszahl 113 = eins-eins-drei) bis Ununoctium (mit der Ordnungszahl 118 = eins-eins-acht).

Tab. 10.5 Bei der GSI und u. a. in Dubna erzeugte Transurane mit den Ordnungszahlen 107–118

Jahr	Symbol	Element	Ordnungszahl	Benannt nach
GSI				
1981	Bh	Bohrium	107	Niels Bohr
1982	Mt	Meitnerium	109	Lise Meitner
1984	Hs	Hassium	108	Hessen
1994	Ds	Darmstadtium	110	Darmstadt
1994	Rg	Roentgenium	111	Konrad Röntgen
1996	Cn	Copernicium	112	Nikolaus Kopernikus
Dubna u. a.				
2003	Uut	Ununtrium	113	
1999	Fl	Flerovium	114	Georgi Flerov
2004	Uup	Ununpentium	115	
2000	Lv	Livermorium	116	Lawrence Livermore National Laboratory
2010	Uus	Ununseptium	117	
2006	Uuo	Ununocticum	118	

Technik: Komponenten, Geräte

Ionenquellen

In den Ionenquellen (Abb. 10.15) werden die positiv geladenen Atomkerne erzeugt, die später in die Beschleunigeranlage eingespeist werden. Um die Ionen zu erzeugen, muss man, wie wir wissen, bei zunächst neutralen Atomen Elektronen aus der Hülle schlagen. Je nach Atomgewicht der zu untersuchenden Ionen gibt es unterschiedliche Verfahren zur Ionenerzeugung. Bei der GSI können Ionen vom leichtesten Element Wasserstoff bis zum schwersten natürlichen Element Uran erzeugt werden. Der physikalische Prozess, der dem Verfahren zugrunde liegt, ist die Elektronenstoßionisation: Über eine Gasentladung entstehende freie Elektro-

Abb. 10.15 Ionenquelle vom Typ MUCIS (Multicusp Ion Source). © G. Otto, GSI Helmholtzzentrum für Schwerionenforschung

nen befreien wiederum in einer Kaskade durch Stoßionisationen weitere Elektronen aus den Hüllen der zu ionisierenden Atome. Auf diese Weise entsteht ein Plasma. Durch das Anlegen einer hohen Spannung von 20.000-130.000 V werden die Ionen dann beschleunigt und gelangen bereits mit hoher Geschwindigkeit in den UNILAC.

Beschleuniger
Tab. 10.6 zeigt einen Überblick über die Beschleunigeranlagen am GSI.

Daneben wird ein Hochleistungslaser mit der Bezeichnung PHELIX (Petawatt High Energy Laser for Heavy Ion Experiments) betrieben. (1 Petawatt = 10^{15} Watt)

Der Fragmentseparator FRS dient dazu, Ionen, die in einem bestimmten Experiment von Interesse sind, von anderen Reaktionsprodukten zu trennen, um sie dann in den Speicherring weiterzuleiten

Detektoren
- HADES (High Acceptance Di-Electron Spektrometer) wird eingesetzt, um Quark-Antiquark-Paare zu untersuchen. Diese Paare entstehen, wenn kurzzeitig ein System von Protonen und Neutronen durch gegenseitigen Beschuss von schweren Kernen entsteht. Die Teilchen, die dabei erzeugt werden, zerfallen in Elektron-Positron-Paare, die von diesem Detektor wahrgenommen werden. Die beiden Hauptkomponenten von HADES sind eine Tscherenkow-Kammer, die mit Perfluorobutangas (C_4F_{10}) gefüllt ist, sowie eine Vieldraht-Driftkammer.
- CERBEROS misst die Geschwindigkeit von Pionen, bestehend aus einem Quark und einem Antiquark, die beim

Tab. 10.6 Beschleuniger am GSI

Bezeichnung	Betriebs-beginn	Energie pro atomare Masseneinheit u	Upgrades; neue Verwendungen
UNILAC (Universal Linear Accelerator)	1975	1,4 MeV/u	Upgrade: geplant für FAIR; Vorbeschleuniger für FAIR (vorgesehen) (Abb. 10.16)
SIS-18 (Schwerionensynchrotron)	1990	11,4 MeV/u	Upgrade: geplant für FAIR; Vorbeschleuniger für FAIR (vorgesehen)
ESR (Experimentierspeicherring)	1990	3-830 MeV/u	

Abb. 10.16 GSI UNILAC. © A. Zschau, GSI Helmholtzzentrum für Schwerionenforschung

HADES-Experiment entstehen. Der Detektor ist dem HADES-Spektrometer vorgeschaltet und besteht aus drei Köpfen (deshalb die Anspielung auf den Höllenhund Cerberus), bei denen es sich um Halbleiterdetektoren handelt.

- FOPI (Four Pi; mit 4 π ist gemeint, dass der gesamte Raum erfasst wird) wird eingesetzt, um Reaktionsprodukte bei Schwerionen-Kollisionen zu erfassen. Er besteht aus einer Reihe hintereinander geschalteter Driftkammern, um die Energie zu bestimmen. Am Ende befinden sich Szintillatoren, um den Zeitpunkt des Ereignisses festzuhalten.

- PANDA (Antiproton Annihilation at Darmstadt) ist für Experimente mit FAIR vorgesehen. Es handelt sich um einen Detektor, der alles können muss: nahe 4π-Sicht, hochauflösende Energie- und Winkelbestimmung von geladenen Teilchen und Photonen. Dazu werden alle verfügbaren Detektionstechnologien ins Feld geführt. Untersucht werden sollen: exotische Teilchen und Hadron-Eigenschaften, das Verhalten von Hadronen in Materie, Nukleonen-Strukturen und Hyperkerne, das sind Kerne, die neben Nukleonen mindestens ein Hyperon enthalten.

Stanford

Im Jahre 1962 wurde ein Vertrag zwischen der Universität von Stanford in Kalifornien und der Regierung der Vereinigten Staaten geschlossen, um den Weg für das neue SLAC (Stanford Linear Accelerator Center) unter der Regie des Energieministeriums zu ebnen. Im selben Jahr begannen unter dem Code „Project M" die Arbeiten für den Bau des mit 3 km längsten linearen Teilchenbeschleunigers der Welt, den SLA (Stanford Linear Accelerator; Abb. 10.17).

Geschichte: Bau, Experimente, Forschungsfelder

1966 wurde, vier Jahre nach Baubeginn, der erste Elektronenstrahl erzeugt. Die ersten Experimente fanden ein Jahr später statt. Abb. 10.18 zeigt die Anlage in ihrem heutigen Zustand. Und noch eine Jahr später begann die

Abb. 10.17 SLA im Bau. © SLAC National Accelerator Laboratory

Abb. 10.18 SLAC heute (2015). © SLAC National Accelerator Laboratory

82-Zoll-Blasenkammer ihre Arbeit. Im Jahre 1972 wurde die SPEAR-Anlage mit einer ersten Strahl-Kollision in Betrieb genommen. Dabei handelte es sich – wie das Akronym schon sagt – um den Stanford Positron Electron Accelerating Ring. Die eigentliche Experimentierarbeit begann ein Jahr später. SPEAR wurde später (1988) Vorschaltanlage (front-end) für SSRL (s. u.). Die dritte Version SPEAR3 wurde 2004 etabliert.

Schon in den frühen 1970er Jahren hatte man erkannt, dass man Synchrotronstrahlung, die ja als Nebenprodukt auftritt und zunächst als störend empfunden wurde, selbst für andere Experimente nutzen könnte. Das führte dann später zu der SSRP-Anlage (Stanford Synchrotron Radiation Project), die 1973 aktiv wurde und 1977 mit SSRL (Stanford Radiation Light Source) einen neuen Namen bekam.

Im Jahre 1988 fand die erste Kollision im SLC (Stanford Linear Collider) statt. Im Jahre 2009 wurde der weltstärkste Röntgenlaser, der LCLS (Linac Coherent Light Source) scharf geschaltet. Dieses Gerät kann Ereignisse registrieren, die eine Dauer von weniger als 10^{-13} s (ein Zehntel einer Billionstel Sekunde) haben.

Und schließlich wurde 2011 die Beschleuniger-Forschungseinrichtung FACET eröffnet. Damit werden unter anderem Experimente ermöglicht, die mit Plasma-Kielfeldern arbeiten und damit in Zukunft kleinere Beschleuniger bei gleichbleibender Energieausbeute ermöglichen.

Aktuelle Projekte
Eines der weltweit interessantesten Beschleuniger-Projekte ist FACET (Facility for Advanced Accelerator Experimental Tests). Dabei geht es um die sogenannte Kielfeld-Beschleunigung (wakefield acceleration), die erfolgt, wenn man einen kurzen Teilchenstrahl aus Elektronen oder Protonen in ein Plasma schießt. Durch den Abstoßungseffekt der Elektronen im Plasma entsteht ein elektrisches Feld, das sich wellenförmig durch das Plasma ausbreitet. Mithilfe eines solchen Feldes kann man andere Teilchen beschleunigen, die dann auf dieser Welle reiten. Auf diese Weise kann man hohe Energien bereits auf einer Strecke erreichen, die nur ein Bruchteil von herkömmlichen LINAC-Längen beträgt – um einen Eindruck zu vermitteln: 1 cm statt 10 m.

Entdeckungen

Tab. 10.7 listet die wichtigsten Entdeckungen am SLAC.

Technik: Komponenten, Geräte

Beschleuniger
Tab. 10.8 zeigt einen Überblick über die Beschleunigeranlagen am SLAC.

Detektoren
- SLD (SLAC Large Detector): der Hauptdetektor, um Z-Bosonen nach Elektron-Positron-Kollisionen nachzuweisen.

Tab. 10.7 Entdeckungen am SLAC

Datum	Entdeckung/Ereignis	Team	Anmerkung
1966–1968	Nachweis von Quarks	Richard Taylor, Jerome Friedman	Nobelpreis 1990
1974	J/ψ-Meson	Burton Richter	Nobelpreis 1976
1976	τ-Meson	Martin Pearl	Nobelpreis 1995
2008	CP-Verletzung		

- BaBar (benannt nach „B and B-Bar", also „B und Anti-B"; Abb. 10.19) wurde gebaut, um CP-Verletzung, Quark-Theorie und die starke Wechselwirkung im Zusammenhang mit PEP-II zu erforschen. BaBar besteht aus einer Kombination von Drift- und Tscherenkow-Detektoren sowie Kalorimetern.

Abb. 10.19 BaBar. © SLAC National Accelerator Laboratory

Tab. 10.8 Beschleuniger am SLAC

Bezeichnung	Betrieb von–bis	Energie; Ausmaße	Verwendung	Upgrades, neue Verwendungen
SLA (Stanford Linear Accelerator)	1966	50 GeV; Länge: 3 km	Teilchenphysik; Elektron-Positron-Forschung	
SPEAR (Stanford Positron Electron Accelerating Ring)	1972	4 GeV; Umfang: 80 m	Teilchenphysik; Elektron-Positron-Forschung	neue Verwendung 1990; unter SPEAR3 Synchrotronstrahlung
PEP (Positron-Electron-Project)	1980–1990	29 GeV Kollisionsenergie; Durchmesser: 800 m	Teilchenphysik; Elektron-Positron-Forschung	

Tab. 10.8 (Fortsetzung)

Bezeichnung	Betrieb von–bis	Energie; Ausmaße	Verwendung	Upgrades, neue Verwendungen
PEP-II (Positron-Elektron-Projekt-II)	1999	9 GeV für Elektronen, 3,1 GeV für Positronen; Umfang: 2,2 km	Teilchenphysik; Elektron-Positron-Forschung	neue Verwendung; 2008; CP-Verletzung; B-Mesonen-Produktion
LCLS (LINAC Coherent Light Source)	2009	15 GeV, 300 fs Pulse-Länge	freier Röntgenlaser	

FermiLab

Der erste Spatenstich für das NAL (National Accelerator Laboratory), die ursprüngliche Bezeichnung für FermiLab, das seinen Namen dem italienischen Physiker Enrico Fermi verdankt, fand am 1. Dezember 1968 in Batavia auf einem Gelände im Tal des Fox River, 30 Meilen westlich von Chicago, statt.

Geschichte: Bau, Experimente, Forschungsfelder

Bereits am 17. April 1969 wurde der erste Protonenstrahl des LINAC-Vorbeschleunigers, der ersten Sektion des späteren Linearbeschleunigers, erzeugt. Er besaß eine Energie von 750 keV. Die bemerkenswertesten Entdeckungen am FermiLab waren 1977 das Bottom-Quark, 1995 das Top-Quark (mit einem Tevatron-Experiment) und 2000 das τ-Neutrino.

Das IARC (Illinois Accelerator Research Center) am FermiLab wurde konzipiert, um Wissenschaftlern aus der ganzen Welt, aber auch der privaten Industrie Zugang zu Testanlagen zur Weiterentwicklung der Beschleuniger-Technologie zu ermöglichen. Es stellt dafür Test-Beschleuniger, Kryotechnik, Arbeitsräume mit kontrollierten Temperaturen, Starkstromquellen und Kühlwasseranlagen zur Verfügung. Diese Testanlagen dienen dazu, neue Beschleunigertechnologien zu erproben. Weltweit gibt es etwa 30.000 Beschleuniger-Anlagen (Anhang). Sie werden eingesetzt für Untersuchungen im Energiesektor, in der Umweltschutz-Forschung, Medizin, Industrie, Sicherheitsprojekten und natürlich der Grundlagenforschung. Diese Geräte werden ständig weiter entwickelt. IARC stellt Bedingungen zur Verfügung, um Entwicklungsschritte in einer kontrollierten Umgebung zu testen.

Technik: Komponenten, Geräte

Beschleuniger

Tab. 10.9 zeigt einen Überblick über die Beschleunigeranlagen am FermiLab.

Detektoren

- CDF (Collider Detector at FermiLab): ein Universaldetektor, zusammengesetzt aus Silizium-Streifendetektoren, einer Driftkammer sowie elektromagnetischen und hadronischen Kalorimetern.
- D0 besteht aus einem Silizium-Tracker, Kalorimetern und Driftkammern und wird wie der CDF bei Proton-Antiproton-Experimenten eingesetzt.
- Daneben gibt es sieben Neutrino-Detektoren, die auf unterschiedlichen Technologien basieren, und ein Gewicht von jeweils einigen hundert bis zu 14.000 Tonnen haben. Der größte Detektor befindet sich in Minnesota in der Nähe der kanadischen Grenze. Er besteht aus 344.000 einzelnen Szintillatorzellen.

Tab. 10.9 Beschleuniger am FermiLab

Bezeichnung	Betrieb von–bis	Energie; Ausmaße	Verwendung	Bemerkungen
Main Ring	1971–2000	500 GeV; Umfang: 6 km	Teilchenphysik	
Tevatron (von TeV, Teraelektronenvolt)	1983–2011	900 GeV; Umfang: 6 km	Proton-Antiproton-Kollision; Quark-Forschung	Abb. 10.20

Abb. 10.20 Tevatron. © FermiLab

ELSA

Der erste am Physikalischen Institut der Rheinischen Friedrich-Wilhelms-Universität Bonn gebaute Teilchenbeschleuniger war der weltweit zweite Elektronenbeschleuniger mit starker Fokussierung. Das Synchrotron ging 1958 in Betrieb. Die Forschungen in Bonn konzentrierten sich auf die Erzeugung von Mesonen und die Untersuchung der Resonanzstruktur von Mesonen, Protonen und Neutronen. Bei der Entwicklung von speziellen Targets und Detektorkomponenten arbeitet Bonn eng mit den großen Laboratorien in CERN, DESY und FermiLab zusammen.

Geschichte: Bau, Experimente, Forschungsfelder

ELSA (Elektronen-Stretcher-Anlage) besteht aus drei Hauptkomponenten: einem Injector-LINAC, einem Booster-Synchrotron und dem eigentlichen Stretcher-Ring (Abb. 10.21). Die Anlage kann in verschiedenen Modi gefahren werden.

Im Stretcher-Modus werden Elektronen einer bestimmten Energie aus dem vorgeschalteten Synchrotron extrahiert und in ELSA geleitet, wo sie eine bestimmte Zeit gespeichert werden. Aus diesem gespeicherten Teilchenstrom entnimmt man in konstanter Rate Elektronen, die somit

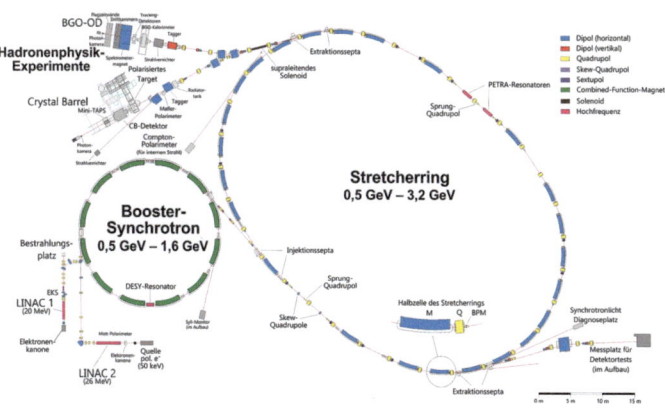

Abb. 10.21 ELSA Beschleuniger mit Experimenten; Physikalisches Institut Universität Bonn. © Arbeitsgruppe ELSA

eine gleichbleibende Intensität besitzen. Nach der vollständigen Entleerung des Speicherrings (Dauer: etwa drei Synchrotron-Perioden) entnimmt man das nächste Bündel aus dem Synchrotron. Damit gewinnt man praktisch einen kontinuierlichen Elektronenstrahl, wobei es erst bei längeren Speicherzeiten zu technischen Intensitätsverlusten durch den Einspeisungsvorgang kommt.

Beim Post-Accelerator- oder Nachbeschleuniger-Modus ist der Ablauf ähnlich, nur dass in diesem Falle die entnommenen Teilchen in ELSA von der ursprünglichen Einschussenergie, die sie aus dem Synchrotron mitbringen, auf höhere Energien beschleunigt werden. Nach Erreichen der gewünschten Energie greift wiederum der Stretcher-Modus.

Als Quelle für Synchrotronstrahlung wird ELSA bis zu Sättigungsgrenze mit Elektronen gefüllt. Entsprechend der gewünschten Wellenlänge im Röntgenbereich wird die Elektronenenergie eingestellt, die dann über eine längere Zeit gehalten werden kann.

Entdeckungen

Die herausragendste Entdeckung am Bonner Institut war, unabhängig von den Arbeiten an Beschleunigern, die sogenannte Paul-Falle (auch: Paul-Ionenkäfig), in der durch ein elektrisches Wechselfeld in einem Quadrupol elektrisch geladene Teilchen gespeichert werden können. Der deutsche Physiker Wolfgang Paul (1913–1993) erhielt dafür 1989 den Nobelpreis für Physik.

Der Hauptforschungsschwerpunkt in Bonn betrifft polarisierte Elektronenstrahlen zusammen mit polarisierten, so genannten „frozen spin Targets". Im Jahre 1985 wurden zum ersten Mal weltweit polarisierte Elektronen aus einer Rubidium-Quelle in einem Synchrotron beschleunigt. Ein weiterer Forschungsschwerpunkt war die experimentelle Bestätigung der GDH-Summenregel (GDH steht für die Physiker G. Gerasimov, S. Drell und A. Hearn) im GeV-Bereich. Die Summenregel stellt die Beziehung zwischen hadronischen polarisierten Photoabsorptionsquerschnitten und statischen Eigenschaften eines Nukleons (z. B. seiner Masse) und seinem anomalen magnetischen Moment her.

Technik: Komponenten, Geräte

Beschleuniger
Tab. 10.10 zeigt einen Überblick über die Beschleunigeranlagen an der ELSA.

Detektoren
Frühere Detektoren basierten ausschließlich auf Szintillations- und Blasenkammertechnologien. Schon früh kam es in diesem Zusammenhang zur Kooperation mit CERN und später mit DESY. Dazu kommt die Beteiligung an weiteren Detektorentwicklungen und Datenanalyse in CERN und DESY (ZEUS, COMPASS, ATLAS).

- SAPHIR: Ensemble aus Plastik-Szintillatoren, Driftkammern und elektromagnetischem Kalorimeter.
- CB-ELSA mit TAPS und BGO-Ball: ist ein Crystal-Barrel-Detektor mit einem Two Arms Photon Spectrometer, der SAPHIR ersetzt hat und von CERN übernommen wurde. BGO ist die Abkürzung für $Bi_4Ge_3O_{12}$ (Bismutgermanat, eine chemische Verbindung, die zur Messung von γ-Strahlen eingesetzt wird).

Tab. 10.10 Beschleuniger an der ELSA

Bezeichnung	Betrieb von–bis	Energie; Ausmaße	Verwendung	Upgrades, neue Verwendungen
500 MeV Synchrotron	1958–1984	500 MeV; Umfang: 16,45 m	Teilchenstreuexperimente	neue Verwendung: 1995 Deutsches Museum Bonn, Teile als Anschauungsobjekt
2,5 GeV Synchrotron	1967	2,5 GeV; Umfang: 69,6 m	Teilchenstreuexperimente	neue Verwendung: Injektor für ELSA ab 1982
ELSA (Electron Stretcher Accelerator)	1983	1,6-3,5 GeV; Umfang: 164,4 m	Streuexperimente an subnuklearen Systemen; Synchrotronstrahlung	

Stichworte zum Weiterlesen
- CERN, DESY, GSI, SLAC, FermiLab, ELSA,
- Beschleuniger,
- Detektoren.

11
Meilensteine

Beispielhaft werden in diesem Kapitel fünf Experimente vorgestellt: ein typisches Flugzeitexperiment, um den grundsätzlichen Vorgang verständlich zu machen. Dann vier bahnbrechende Forschungsergebnisse: die parallele Entdeckung des J/ψ im BNL und SLAC, die Erzeugung von Transuranen bei der GSI, die Entdeckung des Top-Quarks im FermiLab und der Nachweis des Higgs-Teilchens am CERN.

Ein Flugzeitexperiment

Das Flugzeitexperiment, das hier besprochen wird, ist in dem Sinne kein Meilenstein in der jüngeren Entdeckungsgeschichte der Kern- oder Elementarteilchenphysik, sondern soll der Erklärung dienen, wie solche Experimente aufgebaut sind und durchgeführt werden. Dabei kommen ein Linearbeschleuniger und ein Szintillationszähler zum Einsatz.

Stand der Forschung

Wirkungsquerschnitte sind ein Maß für die Wahrscheinlichkeit einer Kernreaktion in Abhängigkeit von der Energie eines einfallenden Teilchens. Man kann sie als diejenige effektive Fläche des Zielkerns verstehen, auf die das Teilchen trifft. Wirkungsquerschnitte für die Spaltung eines Atomkerns werden auch Spaltquerschnitte genannt und mit $\sigma_{n,f}$ bezeichnet, sie werden in Barn (10^{-24} cm^2) gemessen.

Die Spaltquerschnitte für niedrige Neutronenenergien (also bei sogenannten thermischen Neutronen) waren seit der Entwicklung der Atombombe und den ersten Reaktoren ausreichend gut bekannt. In den 1970er Jahren wurde aber das Interesse an Messungen von Spaltquerschnitten mit Neutronenenergien im MeV-Bereich geweckt – und zwar aus drei Gründen:

- Entwicklung der Neutronenbombe,
- Konzipierung von Kernreaktoren wie den Schnellen Brütern,
- Überprüfung der Theorie, dass es bei U-235 und anderen Isotopen eine doppelt ausgeprägte Spaltbarriere gibt.

Das im Folgenden beschriebene Experiment griff diese Fragestellungen auf.

Experimenteller Aufbau

Ein Linearbeschleuniger erzeugt einen gepulsten Strahl von Elektronen (Abb. 11.1, rechts von unten kommend), der auf ein Target aus Natururan oder Blei gerichtet wird, das sich in einem durch Betonmauern abgeschirmten Targetraum befindet. Die Elektronen werden im Material abgebremst und geben ihre Energie als γ-Strahlung ab. Über eine (γ, n)-Reaktion werden schnelle Neutronen erzeugt, die durch einen Kollimator in ein langes Vakuumrohr gelangen. Das Startsignal kommt von einer Toroidspule,

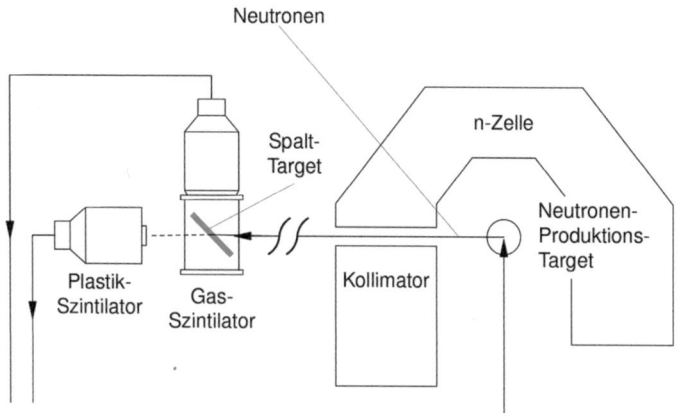

Abb. 11.1 ToF-Experiment

durch die der gepulste Elektronenstrahl kurz vor Erreichen des Targets aus Natururan passiert (nicht im Bild dargestellt). In einem bestimmten Abstand entlang der Röhre befinden sich zwei Detektoren. Der eine misst das Spektrum der erzeugten Neutronen in Abhängigkeit von ihrer kinetischen Energie (Stopp-Signal), also der Flugzeit zwischen Erzeugung und Detektor unter Kenntnis der Gesamtgeometrie der Anordnung.

In dem zweiten Detektor befindet sich ein Target in Form einer dünnen Folie, auf die U-235 in einer Schicht 1/1000 mm Dicke aufgedampft wurde (Abb. 11.2 und 11.3).

Ergebnisse

Die Neutronen spalten nun mit einer gewissen Wahrscheinlichkeit Uran-Kerne im Detektor. Die Folie ist in

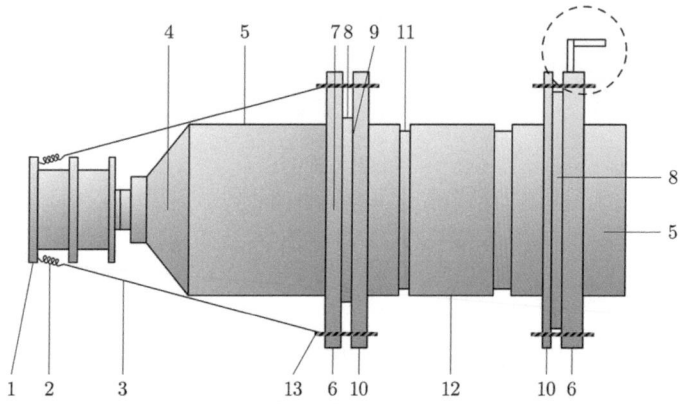

1: Photonenvervielfacher-Fuss; 2: Metallfedern; 3: Plastikband; 4: Photonenvervielfacher
5: Mumetall-Schild; 6: Tufnol-Flansch; 7: Gummi-Dichtung; 8: Quartz-Fenster; 9: Indium-
Dichtung; 10: Metall-Flansch; 11: Verstärker-Rippen; 12: Kammer; 13: Schrauben

Abb. 11.2 Xenon-Szintillator (Legende im Bild). Aus Osterhage (2012)

eine Metallröhre eingebettet, die beidseitig durch Quarzscheiben verschlossen ist, die von Photomultipliern gesehen werden. Der Detektor ist mit Xenon-Gas unter Druck gefüllt. Xenon ist ein Szintillator. Findet nun eine Spaltung statt, entkommen die Spaltbruchstücke in das umgebende Gas und erzeugen Lichtblitze, die von den Photomultipliern ebenfalls als Stopp-Signal registriert werden, sodass die Energie auch hier wiederum über die Flugzeit ermittelt werden kann. Indem man das ursprünglich erzeugte Spektrum zu dem Spaltspektrum in Beziehung setzt, kann man über einen Algorithmus nach vielfältigen Korrekturen und nach entsprechenden vorherigen Eichungen den Spaltquerschnitt berechnen.

Abb. 11.3 U-235-Target; Blick in die geöffnete Szintillationskammer mit dem im 45°-Winkel angeordneten Target

Die Entdeckung des J/ψ-Mesons

Stand der Forschung
Bis zum Jahre 1970 basierte das Standartmodell der Elementarteilchen auf drei Quarks: up, down und strange. Die Existenz von neutralen Mesonen hatte man durch

das Quarkonium erklärt: den gebundenen Zustand eines Quark-Antiquark-Paares. Dann entdeckte man, dass der Zerfall $K^0 \to \mu^+\mu^-$ gemessen an all den anderen möglichen Zerfallsarten extrem selten ist. Die drei Physiker Sheldon Glashow, John Iliopoulos und Luciano Maiani erklärten diese starke Zerfallsunterdrückung durch einen Mechanismus, der später nach ihnen GIM-Mechanismus genannte wurde. Dieser Mechanismus forderte die Existenz einer vierten Sorte von Quarks, die Charm-Quarks genannt wurden. Eine weitere Konsequenz war die Voraussage einer besonderen Art von Quarkonium: dem Charmonium, einem gebundenen Zustand aus einem Charm- und Charm-Antiquark. Damit begann die Suche nach diesem Teilchen. Es wurde 1974 von zwei Forschergruppen unabhängig voneinander gefunden: am Brookhaven National Laboratory (BNL) unter Samuel Ting und am SLAC unter Burton Richter.

Experimenteller Aufbau am BNL
Im BNL wurde ein feststehendes Target aus Beryllium mit einem 30 MeV-Protonenstrahl beschossen. Die Beschleunigung erfolgte durch ein Synchrotron. Man erwartete die Reaktionen $p + p \to J +$ weitere Zerfallsprodukte sowie $J \to e^+e^-$, wobei mit J ein Meson gemeint ist. Der Gruppe ging es um die Beobachtung des Zerfalls e^+e^-. Die erzeugten Teilchen durchliefen die Experimentieranlage in folgender Reihenfolge: eine Serie von Magneten zur Bestimmung ihres Impulses, einen Tscherenkow-Zähler, um die Elektronen von hadronischen Reaktionsprodukten zu unterscheiden, und ein Vieldraht-Detektor, um zwischen Elektronen und Photonen unterscheiden zu können.

Experimenteller Aufbau am SLAC
Die Richter-Gruppe nutze e^+e^--Kollisionen zur Erzeugung neuer Teilchen. Verwendet wurde der SPEAR-Ring mit einer Schwerpunktsenergie von 4,8 GeV. Es wurde ein spezieller Detektor, MARK I, gebaut, der in der Lage war, gleichzeitig mehrere Teilchenarten messen zu können. Er war folgendermaßen aufgebaut: eine innere Funkenkammer für die Bestimmung der Trajektorien, ein Zähler für die Flugzeitmessung, ein elektromagnetisches Kalorimeter und eine äußere Funkenkammer zum Myonennachweis.

Ergebnisse
Beide Forschergruppen wiesen das gleiche theoretisch vorausgesagte Teilchen nach. Ting fand eine Resonanz bei 3,1 GeV mit einer Breite von 5 MeV, Richter fand zwei Resonanzen bei 3,095 GeV mit einer Breite von 69 keV resp. bei 3,684 GEV mit einer Breite von 225 keV. Ting benannte es nach sich selbst: Das chinesische Zeichen für seinen Namen sieht so aus wie ein J. Die Richter-Gruppe wiederum benannte es nach der Anordnung der Detektorengruppe, die in etwa einem ψ ähnelte. Deshalb: J/ψ. Gern wird auch der – politisch nicht ganz korrekte – Begriff „Gipsy" verwendet. Die Entdeckungen fanden 1974 statt, den Nobelpreis erhielten die Forscher 1976.

Transurane

Stand der Forschung
Das Phänomen der Radioaktivität wurde ja bereits im Kap. 5 (Abschn. 5) behandelt. Für einen stabilen Kernaufbau ist eine Nukleonenkonfiguration notwendig, in der die

anziehend wirkenden Kernkräfte mit den abstoßend wirkenden Coulomb-Kräften im Gleichgewicht sind. Dies ist für Kerne der Fall, bei denen das Verhältnis der Neutronen- zur Protonenzahl zwischen 1 und 1,56 liegt und deren Protonenzahl 82 nicht überschreitet. Alle anderen Kernarten suchen unter Aussendung von Strahlung in diesen Bereich stabiler Nukleonenkonfiguration zu gelangen, den man auch das „Tal der Stabilität" nennt.

In der Natur waren bis zur Entwicklung der Atombombe lediglich 92 Elemente mit ihren verschiedenen Isotopen bekannt. Danach gab es für lange Zeit nur die künstlichen Elemente Neptunium und Plutonium. Später kamen weitere hinzu – erzeugt im Wesentlichen zuerst durch Anlagerung von Neutronen und dann durch sukzessive Umwandlung durch z. B. β-Zerfall. Diese – Transurane genannten – Elemente waren alle instabil mit teilweise extrem kurzen Halbwertszeiten. Das weitere Interesse der Forschung richtete sich dann auf die Erzeugung noch schwererer Elemente, die man künstlich durch Kollision von schweren Ionen erzeugte, mit dem Ziel, eventuell Isotope zu finden, die wieder ein stabileres Verhalten zeigten. Außerdem verspricht man sich durch die Untersuchung von Kernen mit extrem hoher Protonen- und Neutronenzahl ein besseres Verständnis der Entstehung von chemischen Elementen bei Sternenexplosionen.

Experimente bei GSI

Wie im Kap. 10 (Abschn. 10) erläutert, beginnen die Experimente bei den Ionenquellen, in denen die positiv geladenen Ionen erzeugt werden. Die Ionen verlassen ihre Quelle mit einer Geschwindigkeit von mehr als 500 km/s

($\approx 0{,}2\,\%$ von c). Damit werden die Ionen dann in den Linearbeschleuniger UNILAC eingespeist (s. Abb. 10.13), der die Teilchen auf 60.000 km/s, d. h. 20 % von c beschleunigt. Den angeschlossenen Ringbeschleuniger SIS-18 durchlaufen die Ionen solange, bis die gewünschte Experimentierenergie erreicht ist: ca. 270.000 km/s oder 90 % von c. Das erfolgt nach etwa 416.000 Umläufen. Anschließend geht es in den Fragmentseparator, wo die Teilchen auf sehr dünne Targets treffen. Die dabei entstehenden Kollisionsprodukte entkommen den Targets mit hoher Geschwindigkeit und können nun durch eine Reihe hintereinander geschalteter Multipolmagnete selektiert werden. Diese ausgesuchten Teilchen werden dann für die weitere Beobachtung an den Speicherring ESR weitergeleitet.

Ergebnisse
Auf diese Weise wurden ab 1981 die Elemente 107-Borium, 108-Hassium, 109-Meitnerium, 110-Darmstadtium, 111-Roentgenium und 112-Copernicium künstlich erzeugt. Die Ergebnisse sind in Tab. 10.3 zusammengefasst.

Top-Quark Entdeckung im FermiLab

Stand der Forschung 1995
Die in Kap. 7 ausgeführte Quarktheorie war bis in die 1970er Jahre noch nicht allgemein akzeptiert. Quarks wurde vielfach noch als reine Gedankenkonstrukte angesehen. Als nun 1977 im FermiLab das Bottom-Quark entdeckt wurde, gab es kaum noch Zweifel an der Theorie, die aber nach wie vor noch unvollständig war.

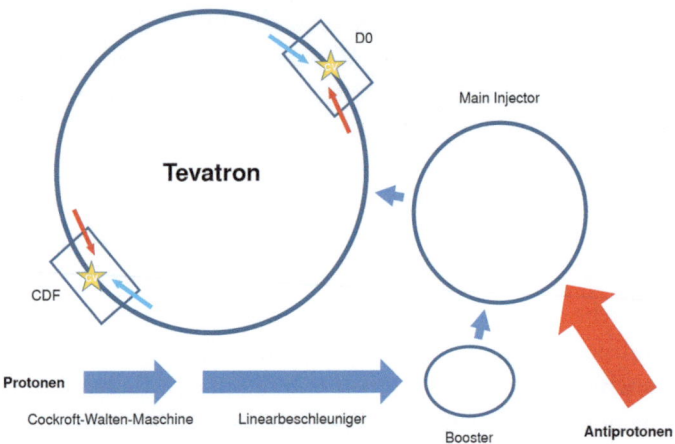

Abb. 11.4 Schematischer Aufbau des Tevatron-Experiments zum Nachweis des Top-Quarks

Zudem wurde beim Zerfall der B-Mesonen, die ein Bottom-Quark enthalten, eine spontane Umwandlung in dessen Antiteilchen beobachtet. Um diesen Vorgang zu erklären, benötigte man ein weiteres Quark, das Top-Quark. Die Obergrenze der im Verhältnis zu anderen Quarks sehr großen Masse des Top-Quarks wurde bereits 1974 sowohl im FermiLab als auch bei DESY abgeschätzt. Da 1977 die erforderlichen Beschleunigerenergien noch nicht verfügbar waren, sollte es allerdings noch 18 Jahre dauern, bis das Top-Quark selbst nachgewiesen werden konnte.

Experimenteller Aufbau
Abb. 11.4 zeigt schematisch den Aufbau des Experiments.

Zunächst werden Protonen über eine Cockroft-Walton-Maschine vorbeschleunigt, sie durchlaufen dann einen

Linearbeschleuniger und gelangen schließlich über einen Booster in den Haupt-Injektor und von dort in den Tevatron-Speicherring. Gegenläufig werden Antiprotonen in den Injektor gegeben, der die Teilchen dann in das Tevatron transportiert, wo sie – entsprechend fokussiert – mit den Protonen kollidieren. Die Kollisionen werden von den beiden Detektoren CDF und D0 beobachtet. Die beiden Teilchenstrahlen besitzen eine kinetische Energie von jeweils 980 GeV. Die Entstehung von Top-Quark-Paaren folgt zwei möglichen Mechanismen: zu 85 % der Quark-Antiquark-Annihilation, d. h. der Wechselwirkung eines Quarks aus dem Proton mit einem Antiquark aus dem Antiproton. Zu 15 % folgt sie einer Gluonfusion, d. h. der Wechselwirkung zwischen Gluonen aus Proton und Antiproton.

Top-Quarks zerfallen zu weit über 99 % in Bottom-Quarks und W-Bosonen. W-Bosonen haben drei mögliche Zerfallskanäle, deren Resultate in Detektoren gemessen werden können:

- Zerfall in Myonen, Elektronen und die entsprechenden Neutrinos,
- Zerfall in Myonen oder Elektronen mit den entsprechenden Neutrinos,
- Zerfall in andere Quarks, die sich zu diversen Hadronen vereinigen.

In den Detektorensystemen folgen ein Myon-Spektrometer, ein hadronisches Kalorimeter, ein elektromagnetisches Kalorimeter und ein Spurdetektor aufeinander. Die Beobachtung von Elektronen ist relativ problemlos. Um die Bottom-

Quarks zu identifizieren, nutzt man die Zerfallsprodukte diverser Hadronen. Neutrinos sind in dem Detektorensemble nicht direkt nachweisbar, aber indirekt über den Impuls- und den Energieerhaltungssatz durch Summierung aller an der Reaktion beteiligten und gemessenen Teilchen. Die Differenz zwischen Anfangs- und Endzustand ergibt den Impuls der Neutrinos.

Ergebnisse
Auf der Basis vieler Experimente ließen sich schließlich die folgenden Eigenschaften des Top-Quarks ermitteln, das an allen vier Wechselwirkung teilhat: Masse: $173,1 \pm 1,3$ GeV; Lebensdauer: $4,2 \cdot 10^{-25}$ s; Spin: $1/2$.

Das Higgs-Teilchen

Stand der Forschung
Die theoretischen Überlegungen, die zur Idee der Higgs-Teilchen führten, sind bereits im Kap. 7 erörtert worden. Obwohl die Higgs-Bosonen schon in den 1960er Jahren postuliert wurden, gelang ihr Nachweis erst durch das ATLAS- und das CMS-Experiment am CERN.

Experimenteller Aufbau
Der in Kap. 10 (Abschn. 10) behandelte LHC des CERN ist, wenn auch nicht ausschließlich, aber doch wesentlich, gebaut worden, um den Nachweis des Higgs-Bosons zu erbringen. Eine mögliche Variante zur Erzeugung eines Higgs-Teilchens ist die Kollision von Protonen bei sehr hohen Energien (8 TeV). Das Teilchen zerfällt u. a. in ein Bottom-Quark und ein Bottom-Antiquark, wobei zwei

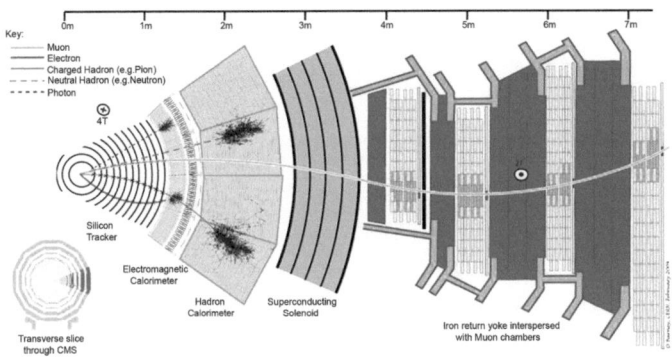

Abb. 11.5 CMS-Detektor bei CERN. © CERN

Photonenpaare entstehen. Über diesen Prozess kann die kurzzeitige Existenz des Higgs-Teilchens nachgewiesen werden. Dazu wurden am LHC die beiden Detektoren ATLAS und CMS (s. Kap. 10 Abschn. 10) eingesetzt. Abb. 11.5 zeigt einen Querschnitt durch den CMS-Detektor.

Ergebnisse

Am 4. Juli 2012 wurde vom CERN bekannt gegeben, dass man ein neues skalares Teilchen mit einer Masse von rund 126 GeV entdeckt hatte. Die Masse entsprach dem, was der Higgs-Mechanismus vorhersagt. Auch alle anderen gemessenen Eigenschaften entsprechen im Rahmen der aktuellen Messgenauigkeit den Vorhersagen. Abb. 11.6 zeigt die grafische Darstellung der Anzahl beobachteter Ereignisse in Abhängigkeit von der Energie der Zerfallsprodukte. Es zeigt sich eine deutliche Resonanz zwischen 120 und 130 GeV.

Danach wurden noch viele weitere Messungen durchgeführt, die das erste Ergebnis bestätigten und verfeinerten. Auf der 3. LHC Physics Conference im Jahre 2015

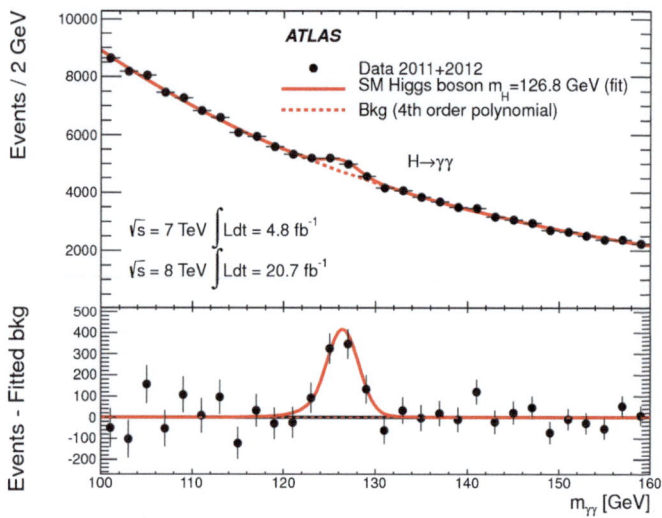

Abb. 11.6 Higgs-Ereignisse im ATLAS-Detektor. © CERN

wurden die kombinierten Ergebnisse aus den Jahren 2011 und 2012 vorgestellt – und damit das bisher beste Bild des Higgs-Bosons. Peter Higgs und François Englert erhielten nach dieser experimentellen Bestätigung ihrer theoretischen Voraussagen im Jahre 2013 den Physik-Nobelpreis. Robert Brout, der andere Pionier der Higgs-Forschung und Mitarbeiter von Englert, war schon 2011 gestorben.

Stichworte zum Weiterlesen
- ToF,
- CERN/Higgs,
- FermiLab/Top-Quark,
- GSI/Transurane,
- BNL/SLAC/J/ψ.

Anhang: Zusammenstellung weiterer wichtiger Teilchenbeschleuniger

Es gibt auf der ganzen Welt mittlerweile Tausende von Teilchenbeschleunigern, insbesondere, wenn man Geräte in Krankenhäusern mitzählt. Der Versuch, eine komplette Liste aufzustellen, würde daher den Rahmen dieses Buches sprengen. Die Tab. A.1 enthält daher nur die wichtigsten dieser Einrichtungen, die neben den in diesem Buche behandelten in der internationalen Forschung eine bedeutende Rolle spielen.

Tab. A.1 Wichtige Teilchenbeschleuniger weltweit

Kürzel	Bezeichnung	Typ	Standort
ANKA	Angström-Quelle Karlsruhe	Synchrotron 500 MeV	KIT, Karlsruher Institut für Technologie
	Australian Synchrotron	Electron Synchrotron Storage Ring 3 GeV	ANSTO, Lucas Heights (Australien)
BEPC	Beijing Electron-Positron Collider	Speicherring 2×2,5 MeV	Institute of High Energy Physics Peking (China)
BESSY	Berliner Elektronenspeicherring	Speicherring 1,7 GeV	Gesellschaft mbH für Synchrotronstrahlung, Berlin-Adlershof
COSY	Cooler Synchrotron	Synchrotron 3,3 GeV	Institut für Kernphysik, Jülich
DELTA	Dortmund Electron Accelerator	Elektronenspeicherring 1,5 GeV	TU Dortmund
ELBE	Elektronenbeschleuniger	Linearbeschleuniger 12-40 MeV	Helmholtz-Zentrum, Dresden

Tab. A.1 (Fortsetzung)

Kürzel	Bezeichnung	Typ	Standort
ESRF	European Synchrotron Radiation Facility	6 GeV Elektronenspeicherring	Grenoble (Frankreich)
GANIL	Grand Accelerateur National d'Ions Lourds	254 MeV Schwerionenbeschleuniger	Caen (Frankreich)
J-PARC	Japan Proton Accelerator Research Complex	Proton-Synchrotron 30 GeV	Tokai (Japan)
	Lawrence Berkeley Storage Ring	Speicherring 1,9 GeV	Berkeley National Laboratory (USA)
MAMI	Mainzer Mikrotron	Elektronenbeschleuniger 1,5 GeV	Institut für Kernphysik, Mainz
MLS	Metrology Light Source	630 MeV Elektronenspeicherring	Physikalisch-Technische Bundesanstalt, Braunschweig
RHIC	Relativistic Heavy Ion Collider	Schwerionenbeschleunigerring 200 GeV	Brookhaven National Laboratory, Long Island (USA)

Tab. A.1 (Fortsetzung)

Kürzel	Bezeichnung	Typ	Standort
S-DALINAC	Superconducting-DArmstadt-LINear-ACcelerator	Linearbeschleuniger 90 MeV	Institut für Kernphysik, Darmstadt
Spring-8	Super Photonring-8	Speicherring 8 GeV	Harima Science Park (Japan)
		Tandem-Van-de-Graaff 15 MV	Maier-Leibnitz-Laboratorium für Kern- und Teilchenphysik, Garching b. München
		Tandem-van-de-Graaff 120 MeV	Institut für Kernphysik, Köln
TRISTAN	Transposable Ring Intersecting Storage Accelerator in Nippon	Speicherring 8 u. 3,5 GeV	Accelerator Forschungszentrum für Hochenergiephysik KEK, Tsukuba (Japan)

Tab. A.1 (Fortsetzung)

Kürzel	Bezeichnung	Typ	Standort
TRIUMF	Tri University Meson Facility	Zyklotron 500 MeV	Forschungszentrum für Partikel- und Nuklearphysik University of British Columbia, Vancouver (Canada)
TSR	Test Storage Ring	Schwerionenspeicherung 12 MV	Max-Planck-Institut für Kernphysik, Heidelberg
UVSOR II	Ultraviolet Synchrotron Orbital Radiation Facility	Elektronenspeicherung 15 MeV	Okazaki (Japan)
VEPP-4 (ВЭПП)	Встречные Электрон-Позитронные Пучки	Elektronen-Positronen-Speicherring 6 GeV	Budker-Institut, Nowosibirsk (Russland)

Literatur

Bertemes F, Northe A (2012) Goseck – die „erste" Kreisgrabenanlage in Sachsen-Anhalt. In: Bertemes F, Meller H (Hrsg.) Neolithische Kreisgrabenanlagen in Europa. Internationale Arbeitstagung 7.-9. Mai 2004 in Goseck (Sachsen-Anhalt). Tagungen des Landesmuseums für Vorgeschichte Halle, Bd. 8, Halle/Saale 2012, S 11–40

Finkelnburg W (1976) Einführung in die Atomphysik. Springer, Heidelberg

Osterhage W (2012) Studium Generale Physik. Springer Spektrum, Heidelberg

Osterhage W (2014) Studium Generale Quantenphysik. Springer Spektrum, Heidelberg

Thomson JJ (1897) Cathode Rays. The London, Edinburgh, and Dublin Philosophical Magazine and Journal of Science 5. Ser., Oktober 1897

Sachverzeichnis

A

Absorptionsspektrum 57
ALEPH 184
ALICE 190
Antimaterie 84
Antimyon 86
Antineutrino 83
Antiproton 195
Antiteilchen 81
Antiwasserstoffatom 178
ARGUS 195
Aristoteles 10
Äther 20, 21
ATLAS 189
Atomkern
    Aufbau 74
    Periodensystem 71
    Rutherford-Versuch 55
Austauschboson 116
Austauschteilchen 93, 120
Austrittsarbeit 40

B

BaBar 214
Balmer, Jakob 59
Baryon 100
Baryonenzahl 113
Becquerel, Henri 76
Betatron 138, 147
Beugung 11
Bezugssystem 23
Big Bang 126
Blasenkammer 153
Bohr
    Atommodell 61
    Postulate 61
Bohr, Niels 61
Bohr'scher Radius 66
Bose, Satyendranath 99
Boson 99
Bottom-Antiquark 238
Bottomness 109
Bottom-Quark 109, 236, 238
Braun'sche Röhre 130
Bremsspannung 43
Brookhaven National Laboratory 232
Brout, Robert 240

C

Calutron 138, 148
CB-ELSA 223
CDF 218
CERBEROS 207
CERN 174
Charm 107
Charmonium 108, 232
Charm-Quark 114
Charpac, Georges 157
chemische Elemente 71
Chiralität 97
CMS 190
Collider 144
Color 113, 115
COMPASS 168
Compton, Arthur 45
Compton-Effekt 45
   inverser 48
Crookes'sche Röhre 131

D

D0 218
Davisson-Germer-
   Experiment 49
De-Broglie-Wellen 49
DELPHI 184
Demokrit 53
DESY 190
Detektor 151
Dirac, Paul 81
Doppelspalt 12
DORIS 192
Down-Quark 107
Drahtkammer 156
Driftkammer 158
Driftröhre 142

E

Eichinvarianz 95
Eichung 95
Einstein, Albert 23, 36
   Photoeffekt 39
Einstein'sches
   Relativitätsprinzip 25
Elektron
   Compton-
      Wellenlänge 48
   Ladung 133
   Masse 131
   Photoeffekt 36
elektroschwache
   Vereinheitlichung 120
Elementarladung 42
Elementarteilchen
   Standardmodell 122
Elementarteilchenphysik 103
Elemente
   chemische 71
ELSA 220
Emissionsspektrum 57
Energie-Masse-
   Äquivalenz 29
Energieniveau
   Atomkern 80
Englert, François 240

Erhaltungsgrößen 94
ESR 200
Euklid 10

F

FACET 212
FAIR 200
Faraday, Michael 14
Farbladung 115, 116
Feld
   elektrisches 15
   magnetisches 15
   skalares 92
Feldbegriff 91
Feldstärke
   elektrische 16
Fermi, Enrico 99
FermiLab 217
Fermion 99
Feynman, Richard 104
FLASH 197
Flavor 106, 110
Flugzeitexperiment 227
Fokussierungsmagnet 141
FOPI 209
fotografischer Film 152
frozen spin Target 222
FRS 201
fundamentale
   Wechselwirkungen 123
Funkenkammer 154

G

Galilei-Transformation 23
Gargamelle 176
GDH-Summenregel 223
Geiger, Hans 156
Geiger-Müller-
   Zählrohr 156
Gell-Mann, Murray 104, 117
GIM-Mechanismus 232
Gleichgewicht
   thermisches 19
Gleichzeitigkeit
   Relativität der 26
Gluon 117
Gravitation 125
Gravitationswellen 126
Graviton 123
Grenzfrequenz
   Photoeffekt 40
GSI 199
GUT, Great Unified
   Theory 124

H

H1 195
HADES 207
Hadron 101, 111
Halbleiterdetektor 160
Halbwertszeit 76
Hallwachs, Wilhelm 34
HASYLAB 199
HERA 192, 193
HERMES 198
Hertz, Heinrich 33

Higgs, Peter 240
Higgs-Boson 127, 238
Higgs-Feld 127
Hittorf, Johann Wilhelm 130
Hodoskop 164
Huygens, Christiaan
 Natur des Lichts 10
Hyperladung 109
Hyperon 107

I

IARC 217
ILC 194
Inertialsystem 23
Interferenz 11, 12
Intersecting Storage Ring 176
Ion 44
Ionenquelle 206
Ionisationskammer 155
Ising, Gustav 143
Isospin 106
 Quantenzahl 107
 z-Komponente 114
Isospin-Dublett 107
Isotop 73

J

J/ψ-Meson 108, 231
Joyce, James 105

K

Kalorimeter 168
 elektromagnetische 169
 hadronische 170
Kathodenstrahlen 132
Kernkraft 75
Kernkraft, starke
 Reichweite 100
Kernladungszahl 56, 72
Kielfeld-Beschleunigung 213
K-Meson 108

L

L3 184
Ladungsträger 34
Längenkontraktion 29
Large Electron-Positron Collider 182
LCLS 212
Lebensdauer 76
LEIR 188
Lenard, Phillip 34
Lepton 85
Leptonenzahl 88, 95, 113
LHC 177, 185
LHCb 190
LHCf 190
Licht
 Beugung 11
 Natur des 9
Lichtgeschwindigkeit 19, 23, 25
 Michelson-Experiment 20

LINAC 142
Linearbeschleuniger 142, 146, 148
Lorentz-Transformation 26

M

Majorana, Ettore 81
Masse
    Energie-Masse-Äquivalenz 29
Massendefekt
    Nukleonen 113
Massenzahl 72, 74
Materiewellen
    Siehe De-Broglie-Wellen 49
Maxwell, James Clerk 13
Meson 85, 100, 101
Müller, Walther 156
Myon 86

N

Nebelkammer 152
Neutrino 85, 101
Neutrino-Experimente 166
Neutron 72
    Zerfall 83
Newton, Isaac
    Natur des Lichts 10
Noether, Emmy 94
Noether-Theorem 94
Nukleon
    Eigendrehimpuls 74

O

OPAL 184
Ordnungszahl 56, 74

P

PANDA 210
Parität 96
Paritätserhaltung 96
Paritätsverletzung 97
Parton 104, 115
Paul, Wolfgang 222
Paul-Falle 222
Pauli, Wolfgang 68, 79
Pauli-Prinzip 69, 115
    Nukleonen 83
Paul'scher HF-Massenfilter 149
PETRA 193
Phasenverschiebung 12
    De-Broglie-Wellen 49
Photoeffekt 33
    äußerer 39
    innerer 43
Photoionisation 43
Photomultiplier 162
Photon 39
Photonenvervielfacher 162
Physikalischen Institut Bonn 220
Pion 101
Planck, Max 37
Planck'sches Strahlungsgesetz 37, 38

Planck'sches
    Wirkungsquantum 39
Platon 10
Positron 84
Proton 63, 72
Proton-Antiproton-
    Collider 177

Q

Quantenchromodynamik 115
Quantenfeldtheorie 89
Quantenzahl 65, 99
    Bahndrehimpuls 67
Quark 103
Quark-Gluon-Plasma 202
Quarkonium 232

R

Radioaktivität 76
Reichweite
    Kernkraft, starke 100
Relativitätsprinzip
    Einstein'sches 25
    Galilei'sches 24
Relativitätstheorie
    Allgemeine 91
    Spezielle 19
Renormierung 93
Richter, Burton 232
Röntgenstrahlung
    Compton-Effekt 45
Rosinenkuchenmodell 54
Rutherford, Ernest
    Atommodell 55

Rydberg, Johannes 59
Rydberg-Formel 65
Rydberg-Konstante 60

S

SAPHIR 223
SC 176
Schwarzkörperstrahlung 38
SIS-18 200
SLAC 210
SLC 212
SLD 213
Spaltquerschnitt 228
Speicherring 144
Spektralanalyse 57
Spektrum
    β-Zerfall 79
Spin 68, 99
Stabilität
    Tal der 234
Standardmodell 89
    Teilchenphysik 89, 103, 122
Steenbeck, Max 138
α-Strahlung 77
Strangeness 107, 111, 112
Strange-Quark 108
Strawdetektor 161
Stretcher-Modus 221
Streuung
    elastische 45
    inelastische 46

Super Proton
   Synchrotron   177
Symmetrie   94
Synchroton   140
Synchrotronstrahlung   142
Szilard, Leo   137
Szintillator   164

T

Tauon   86
Tau-Theta-Puzzle   98
α-Teilchen   77
   Rutherford-Versuch   55
Teilchenphysik
   Standardmodell   89, 103
TESLA   194
Tevatron   217
Theory Of Everything   91
thermisches
   Gleichgewicht   19
Thomson, Joseph J.   34
   Rosinenkuchenmodell   54
Ting, Samuel   232
TOE, Theory of
   Everything   124
Topness   109
Top-Quark   109, 235
TOTEM   190
Transuran   204, 233
Tscherenkow, Pawel
   Alexejewitsch   165
Tscherenkow-Detektor   163, 164

Tscherenkow-Strahlung   164

U

Ungleichzeitigkeit   27
UNILAC   200
Up-Quark   107

V

Van de Graaff, Robert
   J.   134
Van-de-Graaff-
   Generator   135, 146
Van-de-Graaff-
   Tandembeschleuniger   136
Vektorboson   120, 121
Vektorfeld   92
Vieldraht-
   Spurendriftkammer   159

W

Wärmestrahlung   37
Wasserstoffatom   63
Wasserstoff-
   Spektrallinien   59
Wechselwirkung
   elektroschwache   119
   schwache   83, 119
   starke   75, 102
Wellen
   elektromagnetische   19
Wellenlänge
   Compton-   48
   De-Broglie-   50

Wellenoptik 11
Welle-Teilchen-Dualismus
  Materiewellen 51
Wideröe, Rolf 137
Widerstandsplatten-
  kammer 159
Wirkungsquantum
  Siehe Planck'sches
  Wirkungsquantum 39
Wirkungsquerschnitt 227

X
XFEL 193, 194

Y
Young, Thomas 11
Yukawa, Hideki 100

Z
Zeitdehnung
  (Zeitdilatation) 28
β-Zerfall 79, 119
ZEUS 198
Zweig, George 117
Zyklotron 137, 147
Zyklotronfrequenz 18

Willkommen zu den Springer Alerts

Jetzt anmelden!

- Unser Neuerscheinungs-Service für Sie:
  aktuell *** kostenlos *** passgenau *** flexibel

Springer veröffentlicht mehr als 5.500 wissenschaftliche Bücher jährlich in gedruckter Form. Mehr als 2.200 englischsprachige Zeitschriften und mehr als 120.000 eBooks und Referenzwerke sind auf unserer Online Plattform SpringerLink verfügbar. Seit seiner Gründung 1842 arbeitet Springer weltweit mit den hervorragendsten und anerkanntesten Wissenschaftlern zusammen, eine Partnerschaft, die auf Offenheit und gegenseitigem Vertrauen beruht.

Die SpringerAlerts sind der beste Weg, um über Neuentwicklungen im eigenen Fachgebiet auf dem Laufenden zu sein. Sie sind der/die Erste, der/die über neu erschienene Bücher informiert ist oder das Inhaltsverzeichnis des neuesten Zeitschriftenheftes erhält. Unser Service ist kostenlos, schnell und vor allem flexibel. Passen Sie die SpringerAlerts genau an Ihre Interessen und Ihren Bedarf an, um nur diejenigen Information zu erhalten, die Sie wirklich benötigen.

Mehr Infos unter: springer.com/alert

MIX
Papier aus verantwortungsvollen Quellen
Paper from responsible sources
FSC® C105338

If you have any concerns about our products,
you can contact us on
ProductSafety@springernature.com

In case Publisher is established outside the EU,
the EU authorized representative is:
**Springer Nature Customer Service Center GmbH
Europaplatz 3, 69115 Heidelberg, Germany**

Printed by Libri Plureos GmbH
in Hamburg, Germany